无人机应用技术专业新形态系列教材（总主编：何先定　刘建

无人机
设计与制作

主　编　吴道明　刘　霞
副主编　赵晓峰　杨　雄　朱明焰　许开冲
主　审　刘昭琴

课程思政　　　课件　　　微课　　　校企合作

西南交通大学出版社

·成　都·

图书在版编目（CIP）数据

无人机设计与制作 / 吴道明，刘霞主编. -- 成都：西南交通大学出版社，2025. 1. -- ISBN 978-7-5643-9995-5

Ⅰ. V279

中国国家版本馆 CIP 数据核字第 2025M2K358 号

Wurenji Sheji yu Zhizuo
无人机设计与制作

主编	吴道明　刘　霞
策划编辑	罗爱林
责任编辑	何明飞
封面设计	吴　兵

出版发行	西南交通大学出版社
	（四川省成都市金牛区二环路北一段 111 号
	西南交通大学创新大厦 21 楼）
邮政编码	610031
营销部电话	028-87600564　028-87600533
网址	https://www.xnjdcbs.com
印刷	四川玖艺呈现印刷有限公司

成品尺寸	185 mm × 260 mm
印张	21
字数	485 千
版次	2025 年 1 月第 1 版
印次	2025 年 1 月第 1 次
定价	62.00 元
书号	ISBN 978-7-5643-9995-5

课件咨询电话：028-81435775
图书如有印装质量问题　本社负责退换
版权所有　盗版必究　举报电话：028-87600562

无人机应用技术专业新形态系列教材
编写委员会

李　恒　成都航空职业技术学院　　李林峰　成都纵横大鹏无人机科技有限公司

李　艳　成都航空职业技术学院　　李宜康　成都航空职业技术学院

李懿珂　成都纵横大鹏无人机科技有限公司　　李志鹏　中航（成都）无人机系统股份有限公司

李志异　成都航空职业技术学院　　廖开俊　中国人民解放军空军第一航空学院

刘　驰　四川航天中天动力装备有限责任公司　　刘　夯　成都纵横大鹏无人机科技有限公司

刘佳嘉　中国民用航空飞行学院　　刘　健　山西机电职业技术学院

刘　静　重庆科创职业学院　　刘明鑫　成都航空职业技术学院

刘　霞　重庆航天职业技术学院　　马云峰　成都纵横大鹏无人机科技有限公司

梅　丹　中国人民解放军海军工程大学　　牟如强　成都理工大学工程技术学院

潘率诚　西华大学　　屈仁飞　成都西南交大研究院有限公司

瞿胡敏　四川傲势科技有限公司　　任　勇　重庆电子工程职业学院

沈　挺　重庆交通大学　　宋　勇　四川航天中天动力装备有限责任公司

唐　斌　成都航空职业技术学院　　田　园　成都航空职业技术学院

王　聪　成都航空职业技术学院　　王国汁　中航（成都）无人机系统股份有限公司

王　进　成都纵横大鹏无人机科技有限公司　　王朋飞　西安航空职业技术学院

王　强　成都航空职业技术学院　　王泉川　中国民用航空飞行学院

王思源　成都航空职业技术学院　　王文敬　中国民用航空飞行学院

王　旭　成都航空职业技术学院　　王　洵　成都航空职业技术学院

魏春晓　成都航空职业技术学院　　吴　可　重庆交通大学

吴　爽　中航（成都）无人机系统股份有限公司　　谢燕梅　成都航空职业技术学院

邢海涛　云南林业职业技术学院　　熊　斌　西南大学

徐风磊　中国人民解放军海军工程大学　　许开冲　成都纵横自动化技术股份有限公司

闫俊岭　重庆科创职业学院　　严向峰　成都航空职业技术学院

杨　芳　成都航空职业技术学院　　杨谨源　中航教育科技（天津）有限公司

杨　琴　成都理工大学工程技术学院　　杨　锐　成都纵横自动化技术股份有限公司

杨少艳　成都航空职业技术学院　　杨　雄　重庆航天职业技术学院

杨　雪　成都航空职业技术学院　　姚慧敏　成都航空职业技术学院

尹子栋　成都航空职业技术学院　　游　玺　成都纵横大鹏无人机科技有限公司

张　捷　贵州交通技师学院　　张　梅　成都农业科技职业学院

张　松　四川零坐标勘察设计有限公司　　张惟斌　西华大学

张　伟　成都纵横大鹏无人机科技有限公司　　赵　军　重庆电子工程职业学院

郑才国　成都理工大学工程技术学院　　周　彬　重庆电子工程职业学院

周佳欣　成都航空职业技术学院　　周仁建　成都航空职业技术学院

邹晓东　中航（成都）无人机系统股份有限公司

无人机产业近年来在全球范围内取得了快速的发展，特别是在中国，无人机市场已经形成了显著的产业规模。随着无人机技术的不断创新及其在应用领域的广泛拓展，无人机产业对人才的需求也日益增加。未来，随着无人机技术的进一步创新和拓展，无人机产业对人才的需求将会更加旺盛，同时也将推动无人机人才的培养和教育向更高层次、更专业化方向发展。为了顺应这一发展趋势，众多高职院校相继开设了无人机相关专业，以培养更多的专业人才。

在这样的背景下，我们编写了这本《无人机设计与制作》。本书旨在为广大高职院校学生以及无人机、航模爱好者提供一个系统、实用的学习平台，帮助他们更好地理解和掌握无人机设计与制作的核心知识和技能。通过学习本书，主要培养学生"能设计、熟制作、精装调、会飞行"的能力，服务于无人机设计制作、装调检修、飞行操控等岗位。

本书在编写过程中，我们充分考虑高职院校的教学特点和学生的实际需求。书中内容并不偏重理论研究，涉及无人机设计方面的内容相对较少，没有过多复杂的计算和反复迭代过程，而是更加注重工程实践和应用。我们希望通过这种方式，引导学生以工程思维去理解和应用无人机设计知识，注重实践和应用能力的提升。本书强调解决具体问题的能力和实际操作技能的培养。通过对学生工程思维的训练，我们希望他们能更加深入地了解无人机的结构、原理和功能，从而在无人机制作、组装、调试以及飞行实践中更加高效和准确地完成任务。同时，这种工程思维也将帮助学生更好地预测和解释实践中的现象和问题，从而更加准确地找到解决问题的方法。

本书由吴道明、刘霞担任主编，赵晓峰、杨雄、朱明焰、许开冲担任副主编，刘昭琴担任主审。全书的结构框架由吴道明完成，项目三、四、十、十一、十二、十三、十四由吴道明编写，项目一、二、五、六、七、十七由刘霞编写，项目十八、十九、二十由赵晓峰编写，项目八、九由朱明焰编写，项目十五、十六由许开冲编写，朱明焰、许开冲作为无人机领域的企业专家还为本书提供了技术支持，杨雄参与了本书配套的国家级在线课程的开发建设，全书由刘昭琴审稿。

我们期望读者通过本书的学习与实践能有所收获，并期待与广大读者携手，共同推动无人机技术的创新与应用。鉴于编者水平有限，书中如有不足之处，恳请读者提出宝贵意见和建议，帮助我们不断完善和提升。感谢大家的关注与支持！

编　者

2024 年 5 月

目 录
CONTENTS

绪 论

《无人机设计与制作》是一本专门针对无人机设计与制作的教材。全书内容包括无人机结构组成、设计方法、加工制作、装调飞行。通过学习本书，让学生了解无人机结构、原理，设计制作，装调试飞，树立正确的结构设计思想，培养学生"能设计、熟制作、精装调、会飞行"的能力，服务于无人机设计制作、装调检修、飞行操控等岗位。

一、教材特点

（1）紧贴岗位：本书依据岗位需求，参照国家教学标准、行业规范，校企共同制定人才培养方案和课程标准，对接智能飞行器应用国赛、未来飞行器设计大赛、无人机应用创新行业赛，无人机驾驶员 1+X 技能证书，引入 CFD（Comutational Fluid Dynanics，计算流体力学）气动分析新技术软件、3D 打印新工艺、碳纤维新材料，飞行器制造行业新规范，飞行器设计要求新标准；融入"怀匠心、练匠技、践匠行、铸匠魂"工匠精神的思政育人主线。

（2）内容全面：本书内容涵盖了相关领域的各个方面，包括基础知识、基本技能、实际应用等，为学生的全面发展和提高奠定了坚实的基础。从理论上来看，内容深度和广度都足够满足教学需求。

（3）结构清晰：本书结构紧凑，逻辑清晰，符合学生的认知规律。章节安排科学合理，有利于学生对知识的理解和吸收，从学习过程和学习体验上看，有明显的教学和学习优势。

（4）实践性强：本书注重实践操作，通过丰富的实例和实践项目，帮助学生加深对相关知识和技能的理解和掌握，提高学生的实际操作能力。这有助于培养学生的动手能力和解决问题的能力。

（5）互动性强：本书设计了多种互动环节，包括思考题、练习题、小组讨论等，有助于激发学生的学习兴趣，提高学生的自主学习能力和合作学习能力。这种互动性的教学方式有助于提升学生的参与度和学习的积极性。

（6）数字融合：本书为融媒体教材，重点涵盖实训流程的介绍及教学过程的安排。为了提供更为详尽的内容，我们特别建设了国家级在线课程"无人机设计与制作"，该课程也是教育部课程思政示范课程之一。为了方便您的查阅与学习，请扫描下方的二维码进行查看。

（7）装订新颖：本书采用活页式设计，方便使用时随时添加笔记和资料。

二、内容结构

全书的内容结构如图 0-0-1 所示。

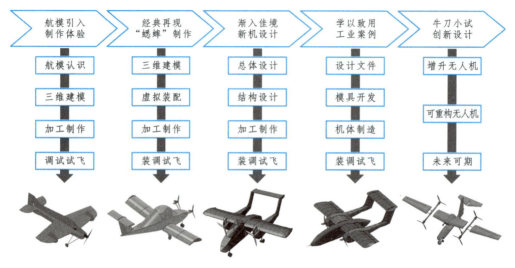

图 0-0-1　内容结构

三、使用建议

（1）在使用本书之前，请确保您已经具备基本的无人机知识和技能，对无人机的设计原理、电子技术、飞行控制等方面的知识有一定的了解。

（2）合理安排教学进度：教师需要根据本书的内容和教学计划，制订科学合理的教学进度，保证学生能够系统地学习和掌握相关知识和技能。

（3）注重实践教学：教师需要注重实践教学，通过组织实践项目、实验、实训等方式，帮助学生加深对相关知识和技能的理解和掌握，提高学生的实际操作能力。

（4）加强互动交流：教师应当充分利用本书的互动环节，组织学生进行思考、讨论、交流等，激发学生的学习兴趣，提高学生的自主学习能力和合作学习能力。互动交流可以促进知识的共享和碰撞，有助于提升学生的学习效果。

（5）及时反馈教学信息：教师应当及时收集和处理学生的反馈信息，针对学生的学习情况调整教学策略，提高教学效果。学生反馈是优化教学的宝贵资源，教师应当认真对待和利用这些资源。

四、注意事项

（1）严格遵守相关法律法规和安全规定，以确保无人机飞行的合法性。请避免在禁止飞行的区域内进行无人机飞行，并始终确保合法使用空域，以保障自身和他人的安全。

（2）无人机操控人员必须具备合法的资质和执照，以确保安全和合规性。

（3）在进行无人机实践操作时，请务必严格遵守相关的安全规程和操作规程，以确保人身安全和设备安全。

扫码登录在线课程

情境一　航模引入——制作体验

在无人机这一尖端科技的浩瀚征途中，每一步创新与飞跃皆植根于深厚的技术底蕴与不懈地实践耕耘。因此，本教材的开篇，我们特意将目光聚焦于航模制作这一看似简单实则蕴含无限可能的领域。航模，作为无人机乃至航空科技发展的摇篮，不仅承载着人类飞翔梦想的炽热追求，更是一项系统工程与科学方法的典范。它始于基础，却综合锻造着参与者的实际工程能力，为无人机设计制造铺设了一条既经济又循序渐进的实践之路。

从航模设计的蓝图构想到精细入微的制作流程，每一环节都是对学习者工程素养的全方位锻造与升华。这一过程教会我们如何在有限资源中挖掘最大性能潜力，如何在多变环境中保持飞行的稳健与优雅，更深刻地，它让我们领悟无人机技术的核心——创新不息、实践为基、持续超越。

正是基于这样的认识，我们选定航模制作为本书的切入点，与广大读者共同探索无人机设计与制作。在此，我们诚邀您并肩同行，在航模制作的广阔舞台上，勇于探索未知，敢于挑战极限，共同为无人机技术注入智慧与活力。

项目一　航模认识

任务一　航模的分类与组成

一、教学目标和要求

（1）能说出航模的概念和分类，并具备区分航模类型的能力。

（2）能阐述航模与无人机的关系，并能正确区分航模与无人机。

（3）能说明航模的组成部分及其功能。

（4）按照任务书完成任务并按时上交作业。

二、任务描述

（1）课前根据任务书要求，进入在线课程，完成学习任务和任务测验。

（2）线上或者线下讨论解决课前遇到的问题，未能解决的问题进行认真总结记录，在课堂上与教师一起解决。

（3）课中学习航模分类与组成。

（4）建议学时：2学时。

三、课前任务

根据任务书要求完成课前任务，见表1-1-1。

表 1-1-1　"航模分类和组成"任务书

任务名称	航模的分类与组成	班　级	
姓　名		学　号	
学习资料			
	扫左侧二维码 轻松浏览课程内容	扫右侧二维码 参与互动并查阅详细资料	
任务要求			
1. 进入在线课程，分别点击页签"为何始于航模""航模概述""航模分类""航模组成和功能"，进入并完成学习任务。 2. 完成章节测验。 3. 将收获和遇到的问题填入下表。 4. 将填写完成的任务书拍照上传到在线课程的讨论区			
学习收获和问题记录			
学习收获	学习中所遇问题及解决办法		学习中未解决的问题

四、教学内容和步骤

（一）任务汇报

教师根据学生课前提交的任务情况，利用课堂活动的方式，请学生进行经验分享、问题讨论，然后教师点评指导学生解决遇到的问题。

（二）教学内容

1. 为何始于航模

扫码进入在线课程学习本部分知识，点击页签"为何始于航模"进行学习，了解航模和无人机的关系，再通过师生互动讨论巩固所学。

课堂讨论：

（1）无人机与航模的区别。

（2）学习航模知识和技能对无人机的学习有哪些意义？

（3）教师根据学生学情增加其他讨论内容。

2．航模概述

扫码进入在线课程学习本部分知识，点击页签"航模概述"进行学习，了解航模，再通过师生互动讨论巩固所学。

课堂讨论：

（1）飞机模型与模型飞机的区别。

（2）你认为航模运动的发展有哪些意义？

（3）教师根据学生学情增加其他讨论内容。

3．航模分类

扫码进入在线课程学习本部分知识，点击页签"航模分类"进行学习，了解航模的种类，再通过师生互动讨论巩固所学。

课堂讨论：

（1）你见过哪些种类的航模，各有什么特点？

（2）你最喜欢哪种航模，为什么？

（3）仿真模型飞机对于飞行器研制有何意义？

（4）教师根据学生学情增加其他讨论内容。

4．航模的组成和功能

扫码进入在线课程学习本部分知识，点击页签"航模的组成和功能"进行学习，了解航模的组成部分和各部分的功能，再通过师生互动讨论巩固所学。

课堂讨论：

（1）航模由哪些部分组成，其功能是什么？

（2）如果没有发动机，还叫航模吗？

（3）有动力航模的五大组成部分，如果只留下两个部分还要保证能够正常飞行，你选择哪两部分，为什么？

（4）教师根据学生学情增加其他讨论内容。

五、检查与评价

全面评价学生的学习情况，评价要求见表 1-1-2。

表 1-1-2　评价记录

学习内容				姓名		学号	
序号	评估项目	分值	学习要求	自我评价	教师评价	得分	
1	航模概述章节测验	20	学完相关视频后在线完成	将在线成绩×0.6填在后面得分项里			
2	航模分类章节测验	20	学完相关视频后在线完成				
3	航模组成和功能章节测验	20	学完相关视频后在线完成				
4	课堂纪律	10	遵守纪律				
5	课堂讨论	10	按要求全程参与互动讨论				
6	出勤	10	不迟到、不早退、不旷课				
7	6S 管理	10	主动整理现场				
	总计						

评价说明：得分＝教师评价－（"教师评价"与"自我评价"之差）

学习总结与反思：

任务二 航模电子设备

一、教学目标和要求

（1）能说出航模电子设备作用及其参数的含义。

（2）能知道航模电子设备的连接方法。

（3）能初步进行电子设备选择。

（4）按照任务书完成任务并按时上交作业。

二、任务描述

（1）课前根据任务书要求，进入在线课程，完成学习任务和任务测验；

（2）线上或者线下讨论解决课前遇到的问题，未能解决的问题进行认真总结记录，在课堂上与教师一起解决。

（3）课上学习航模电子设备（见图1-2-1），通过教师的实物演示，熟悉航模电子设备。

（4）建议学时：2学时。

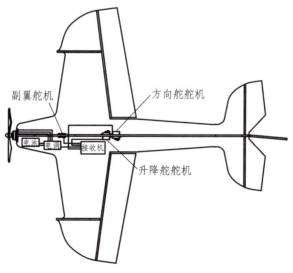

图1-2-1 航模电子设备

三、课前任务

根据任务书要求完成课前任务，见表1-2-1。

表 1-2-1 "航模电子设备"任务书

任务名称	航模电子设备	班　级	
姓　名		学　号	
学习资料			
	扫左侧二维码 轻松浏览课程内容	扫右侧二维码 参与互动并查阅详 细资料	
任务要求			
1. 进入在线课程，分别点击页签"设备简介（上）""设备简介（下）""设备连接方法"，进入并完成学习任务。 2. 完成章节测验。 3. 将收获和遇到的问题填入下表。 4. 将填写完成的任务书拍照上传到在线课程的讨论区			
学习收获和问题记录			
学习收获	学习中所遇问题及解决办法		学习中未解决的问题

四、教学内容和步骤

（一）任务汇报

教师根据学生课前提交的任务情况，采用课堂活动的方式，请学生进行经验分享、问题讨论，然后教师点评指导学生解决遇到的问题。

（二）教学内容

1. 航模电子设备

扫码进入在线课程学习本部分知识，点击页签"设备简介（上）""设备简介（下）"进行学习，了解航模电子设备，再通过师生互动讨论巩固所学。

课堂讨论：

（1）航模电机为何需要安装螺旋桨？

（2）外转子电机相对于内转子电机有何优势？

（3）航模电池为何叫动力电池？

（4）航模的舵机是控制设备还是执行设备？

（5）教师根据学生学情拟定讨论内容。

2．电子设备连接方法

扫码进入在线课程学习本部分知识，点击页签"设备连接方法"进行学习，了解航模电子设备连接方法，再通过师生互动讨论巩固所学。

课堂讨论：

（1）多个舵机需要用一个通道进行控制时如何连接？

（2）如果将一个重要的舵面分成两截，分别用两个舵机进行控制，有何优势？

（3）本航模的舵机配置方案：① 三个都用 9 g 舵机；② 副翼用 9 g 舵机，升降舵和方向舵用 5 g 舵机。哪一个配置方案更好，为什么？

（4）如何改变航模外转子无刷电机的旋转方向，原理是什么？

（5）教师根据学生学情拟定讨论内容。

五、检查与评价

全面评价学生的学习情况，评价要求见表 1-2-2。

表 1-2-2　评价记录

学习内容				姓名		学号		
序号	评估项目	分值	学习要求		自我评价	教师评价		得分
1	章节测验	60	学完相关视频后在线完成		将在线成绩×0.6填在后面得分项里			
2	课堂纪律	10	遵守纪律					
3	课堂讨论	10	按要求全程参与互动讨论					
4	出勤	10	不迟到、不早退、不旷课					
5	6S 管理	10	主动整理现场					
总计								
评价说明：得分＝教师评价－（"教师评价"与"自我评价"之差）								
学习总结与反思：								

任务三 遥控器认识

一、教学目标和要求

（1）熟悉遥控发射机及其作用。

（2）熟悉遥控接收机及其作用。

（3）了解遥控发射机的基本操作。

（4）了解遥控发射机的握持手法。

（5）了解"中国手""美国手"和"日本手"的不同。

（6）掌握遥控器的安全操作规程。

二、任务描述

（1）课前根据任务书要求，进入在线课程，完成学习任务和任务测验。

（2）线上或者线下讨论解决课前遇到的问题，未能解决的问题进行认真总结记录，在课堂上与教师一起解决。

（3）课上学习遥控器（见图1-3-1），通过教师的实物演示，熟悉航模的遥控器。

（4）建议学时：2学时。

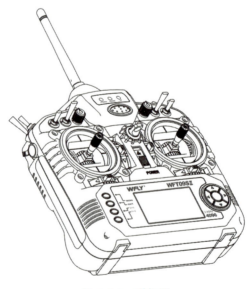

图 1-3-1　遥控器

三、课前任务

根据任务书要求完成课前任务，见表1-3-1。

表 1-3-1 "遥控器认识"任务书

任务名称	遥控器认识	班 级	
姓 名		学 号	
学习资料			
	扫左侧二维码 轻松浏览课程内容 ←	扫右侧二维码 参与互动并查阅详 细资料 →	
任务要求			
1. 进入在线课程，分别点击页签"遥控器认识""遥控发射机""遥控接收机"，进入并完成学习任务。 2. 完成章节测验。 3. 将收获和遇到的问题填入下表。 4. 将填写完成的任务书拍照上传到在线课程的讨论区			
学习收获和问题记录			
学习收获	学习中所遇问题及解决办法		学习中未解决的问题

四、教学内容和步骤

（一）任务汇报

教师根据学生课前提交的任务情况，采用课堂活动的方式，请学生进行经验分享、问题讨论，然后教师点评指导学生解决遇到的问题。

（二）教学内容

1. 遥控器认识

扫码进入在线课程学习本部分知识，点击页签"遥控器认识"进行学习，初步认识遥控器，再通过师生互动讨论巩固所学。

课堂讨论：

（1）这里所学习的遥控器和你以前认知中的有何异同？

（2）航模遥控器对信号响应速度有何要求，为什么？

2．遥控发射机

扫码进入在线课程学习本部分知识，点击页签"遥控发射机"进行学习，详细了解遥控发射机，再通过师生互动讨论巩固所学。

课堂讨论：

（1）通道的基本概念是什么？

（2）遥控器单指握法和双指握法各有什么优势，你喜欢哪种？

（3）如何安全使用遥控器？

（4）随机请学生进行遥控发射机的握持手法和操纵方法演示，教师点评并及时纠正错误。

（5）教师根据学生学情拟定讨论内容。

3．遥控接收机

扫码进入在线课程学习本部分知识，点击页签"遥控接收机"进行学习，详细了解遥控接收机，再通过师生互动讨论巩固所学。

课堂讨论：

（1）接收机有什么作用？

（2）接收机的天线安装有什么要求？

（3）接收机有哪些常见的防水防潮措施？

（4）教师根据学生学情拟定讨论内容。

五、检查与评价

全面评价学生的学习情况，评价要求见表1-3-2。

表1-3-2　评价记录

学习内容				姓名		学号	
序号	评估项目	分值	学习要求	自我评价	教师评价		得分
1	遥控器认识的章节测验	30	学完相关视频后在线完成	将在线成绩×0.3 填在后面得分项里			
2	遥控发射机握持手法展示	10	点名请学生根据所学展示				
	描述一种控制模式（"中国手""美国手""日本手"选一种）	10	点名请学生根据所学回答				
3	课堂纪律	10	遵守纪律				
4	课堂讨论	20	按要求全程参与互动讨论				

续表

序号	评估项目	分值	学习要求	自我评价	教师评价	得分
5	出勤	10	不迟到、不早退、不旷课			
6	6S 管理	10	主动整理现场			
总计						

评价说明：得分＝教师评价－（"教师评价"与"自我评价"之差）

学习总结与反思：

项目二 三维建模

任务一 整机建模

一、教学目标和要求

（1）熟悉 SolidWorks 零件建模界面。

（2）掌握拉伸凸台实体建模的方法。

（3）掌握拉伸切除实体建模的方法。

（4）掌握旋转凸台实体建模的方法。

（5）通过整机建模深入了解航模的总体构造。

（6）按照任务书完成任务并按时上交作业。

二、任务描述

（1）课前根据任务书要求，进入在线课程，完成学习任务和任务测验。

（2）线上或者线下讨论解决课前遇到的问题，未能解决的问题进行认真总结记录，在课堂上与教师一起解决。

（3）课上完成航模的整机建模任务，效果如图 2-1-1 所示。

（4）建议学时：2 学时。

图 2-1-1　航模整机建模效果

三、课前任务

根据任务书要求完成课前任务，见表 2-1-1。

表 2-1-1 "整机建模"任务书

任务名称	整机建模	班　级	
姓　名		学　号	
学习资料			
	扫左侧二维码 轻松浏览课程内容 	扫右侧二维码 参与互动并查阅详细资料 	
任务要求			
1. 进入在线课程，分别点击页签"建模效果""航模图纸"，下载"整机建模效果"文件和"航模三视图"文件做好课前准备，点击页签"建模视频"，观看视频进行课前预习。 2. 完成章节测验。 3. 将收获和遇到的问题填入下表。 4. 将填写完成的任务书拍照上传到在线课程的讨论区			
学习收获和问题记录			
学习收获	学习中所遇问题及解决办法		学习中未解决的问题

四、教学内容和步骤

（一）任务汇报

教师根据学生课前提交的任务情况，采用课堂活动的方式，请学生进行经验分享、问题讨论，然后教师点评指导学生解决遇到的问题。

（二）教学内容

1. 建模准备

1）SolidWorks 建模方法

课前观看教学视频预习 SolidWorks 软件建模方法，课上通过师生互动让学生用

SolidWorks 软件完成几种常用建模方法的训练。以学生自己的手机为参照，绘制一个手机模型，尽量详细地展示手机外形的细节，如图 2-1-2 所示。立体效果展示可扫码进入在线课程点击页签"练习件"下载观看。可以根据教师的具体要求拟定：

（1）拉伸凸台实体建模的方法。

（2）拉伸切除实体建模的方法。

（3）旋转凸台实体建模的方法。

通过练习，让学生熟悉软件界面，掌握三种典型建模方法，学会草图绘制、插入、粘贴等方法，为航模的整机建模奠定基础，并将建模效果和心得分享到在线课程的讨论板块。

图 2-1-2　手机建模效果

2）整机建模任务

课前下载"整机建模效果"文件和"航模三视图"文件，讨论思考如何运用所学软件功能建模，写出整机建模思路。

2．整机建模

扫码进入在线课程，下载"航模图纸"和"建模效果"文件，打开建模效果文件，认真研读，点击页签"建模视频"，根据建模视频的讲解，完成航模的整机建模，将建模效果（见图 2-1-1）和心得分享到在线课程的讨论板块。

五、检查与评价

全面评价学生的学习情况，评价要求见表 2-1-2。

表 2-1-2　整机建模评价记录

学习内容				姓名		学号	
序号	评估项目	分值	学习要求	自我评价	教师评价	得分	
1	章节测验	20	学完相关视频后在线完成	将在线成绩×0.2 填在后面得分项里			
2	任务完成	20	完成并上交在线课程				
3	完成精度	20	尺寸、形状与三视图吻合				
4	课堂纪律	10	遵守纪律				

续表

序号	评估项目	分值	学习要求	自我评价	教师评价	得分
5	课堂讨论	10	按要求全程参与互动讨论			
6	出勤	10	不迟到、不早退、不旷课			
7	6S 管理	10	主动整理现场			
总 计						

评价说明：得分＝教师评价－（"教师评价"与"自我评价"之差）

学习总结与反思：

任务二　涂装设计

一、教学目标和要求

（1）熟悉 SolidWorks 零件建模界面。

（2）掌握实体表面贴图的方法。

（3）体会涂装对于飞行器的意义。

（4）按照任务书完成任务并按时上交作业。

二、任务描述

（1）课前根据任务书要求，进入在线课程，完成学习任务和任务测验。

（2）线上或者线下讨论解决课前遇到的问题，未能解决的问题进行认真总结记录，在课堂上与教师一起解决。

（3）课上完成航模的涂装设计任务，效果如图 2-2-1 所示。

（4）建议学时：1 学时。

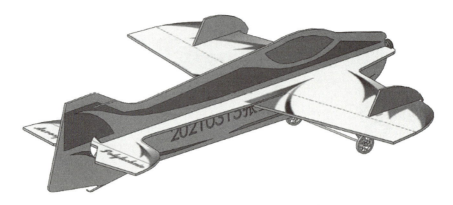

图 2-2-1　航模涂装设计效果

三、课前任务

根据任务书要求完成课前任务，见表 2-2-1。

表 2-2-1 "涂装设计"任务书

任务名称	涂装设计	班 级	
姓 名		学 号	

学习资料

	扫左侧二维码 轻松浏览课程内容 ←	扫右侧二维码 参与互动并查阅详 细资料 →	

任务要求

1. 进入在线课程，分别点击页签"涂装效果""参考图纸"，下载"整机涂装设计效果"文件和"航模涂装参考"文件做好课前准备，点击页签"涂装视频"，观看视频进行课前预习。

2. 完成章节测验。

3. 将收获和遇到的问题填入下表。

4. 将填写完成的任务书拍照上传到在线课程的讨论区

学习收获和问题记录

学习收获	学习中所遇问题及解决办法	学习中未解决的问题

四、教学内容和步骤

（一）任务汇报

教师根据学生课前提交的任务情况，采用课堂活动的方式，请学生进行经验分享、问题讨论，然后教师点评指导学生解决遇到的问题。

（二）教学内容

1. 浮雕设计

课前下载"整机涂装设计效果"文件和"航模涂装参考"文件，并通过观看视频进行预习。课上通过师生互动的方式用 SolidWorks 软件让学生以浮雕的方式完成航模的涂装设计。打开"整机涂装设计效果"文件和"航模涂装参考"文件认真研读和参考，根据涂装视频的讲解，完成航模涂装设计。要求设计元素包括自己的学号和姓名，如图 2-2-2 所示。完成后，将涂装效果和心得分享到在线课程的讨论板块。

图 2-2-2　航模涂装浮雕设计效果

2．贴图设计

自行设计涂装贴图，要求：内容积极向上，符合机型特点，不影响飞行性能，涂装图案中必须包括自己的学号和姓名，参考效果如图 2-2-3 所示。根据涂装视频的讲解，完成航模涂装，将涂装效果和心得分享到在线课程的讨论板块。

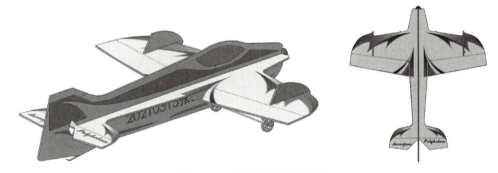

图 2-2-3　航模涂装贴图效果

五、检查与评价

全面评价学生的学习情况，评价要求见表 2-2-2。

表 2-2-2　整机建模评价记录

学习内容				姓名		学号	
序号	评估项目	分值	学习要求	自我评价	教师评价	得分	
1	章节测验	20	学完相关视频后在线完成	将在线成绩×0.2 填在后面得分项里			
2	涂装（浮雕设计）	20	涂装美观，积极向上，浮雕厚度为 0.1 mm				
3	涂装（贴图设计）	20	内容积极向上、符合机型特点、美观大方，避免抄袭				
4	课堂纪律	10	遵守纪律				
5	课堂讨论	10	按要求全程参与互动讨论				

序号	评估项目	分值	学习要求	自我评价	教师评价	得分
6	出勤	10	不迟到、不早退、不旷课			
7	6S 管理	10	主动整理现场			
总计						

评价说明：得分＝教师评价－（"教师评价"与"自我评价"之差）

学习总结与反思：

任务三 零件建模

一、教学目标和要求

（1）熟悉 SolidWorks 零件建模界面。

（2）掌握拉伸凸台实体建模的方法。

（3）掌握拉伸切除实体建模的方法。

（4）掌握放样凸台实体建模的方法。

（5）通过对航模零件的建模，详细了解航模的具体组成。

（6）按照任务书完成任务并按时上交作业。

二、任务描述

（1）课前根据任务书要求，进入在线课程，完成学习任务和任务测验。

（2）根据前面所学习的建模方法，以图纸为标准，以建模效果图为参考，按照视频说明进行航模零件建模。

（3）线上或者线下讨论解决课前建模过程中遇到的问题，未能解决的问题进行认真总结记录，在课堂上与教师一起解决。所有零件建模如图 2-3-1 所示。

（4）建议学时：2 学时。

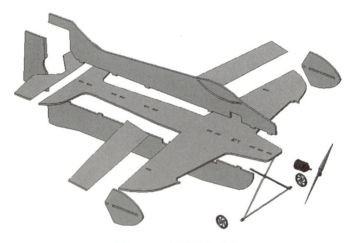

图 2-3-1 航模零件集合

三、课前任务

根据任务书要求完成课前任务，见表 2-3-1。

表 2-3-1　零件建模任务书

任务名称	零件建模	班　级	
姓　名		学　号	

学习资料

| 扫左侧二维码轻松浏览课程内容 | 扫右侧二维码参与互动并查阅详细资料 |

任务要求

1. 进入在线课程，分别点击页签"建模效果""零件图纸"，下载"航模零件集合"文件和"航模零件图"文件做好课前准备，点击页签"涂装视频"，观看视频进行课前预习。

2. 根据前面所学习的建模方法，以图纸为标准，以建模效果图为参考，根据视频说明进行航模零件建模。

3. 将收获和遇到的问题填入下表。

4. 将填写完成的任务书拍照上传到在线课程的讨论区

学习收获和问题记录

学习收获	学习中所遇问题及解决办法	学习中未解决的问题

四、教学内容和步骤

（一）任务汇报

教师根据学生课前提交的任务情况，采用课堂活动的方式，让学生进行航模零件建模的问题反馈、经验分享，教师总结后统一对学生进行针对性授课。

（二）教学内容

1. 拉伸凸台类零件

扫描二维码进入在线课程，点击"零件图纸"页签，下载零件图纸。

准备好零件图，点击页签"建模视频（拉伸凸台类）"，根据"拉伸凸台类建模视频"的操作演示，完成建模。拉伸凸台类零件详情见表 2-3-2。

表 2-3-2　拉伸凸台类零件详情

序号	零件名称	零件数量	材料	效果图
1	水平机身	1	KT 板	
2	垂直机身（上）	1	KT 板	
3	垂直机身（下）	1	KT 板	
4	翼刀	2	KT 板	
5	方向舵	1	KT 板	
6	副翼	1 对	KT 板	
7	升降舵	1	KT 板	
8	电机座	1	椴木板	

2．组合建模类零件

扫描二维码进入在线课程，点击"零件图纸"页签，下载零件图纸。

根据"旋转凸台类建模视频""组合零件类建模视频""空间曲面类建模视频"的操作演示，完成建模。组合建模类零件详情见表 2-3-3。

表 2-3-3　组合建模类零件详情

序号	零件名称	零件数量	材料	效果图
1	起落架支柱	1	碳纤维	
2	轮轴	1	碳纤维	
3	起落架连接套	2	PC	
4	机轮	2	购买	
5	电机	1	购买	
6	舵机	3	购买	
7	螺旋桨	1	购买	

五、检查与评价

（一）零件建模评价

航模零件建模评价，全面评价学生的建模情况，评价要求见表 2-3-4。

表 2-3-4　航模零件建模评价记录

班级＿＿＿＿＿＿＿＿　学号＿＿＿＿＿＿＿＿　姓名＿＿＿＿＿＿＿＿　任课教师＿＿＿＿＿＿＿＿					
建模完整度检查					
序号	检查内容	技术要求	是否达标	分值	得分
1	水平机身	1 个，尺寸、形状与三视图吻合	□	5	
2	垂直机身	上下各 1 个，尺寸、形状与三视图吻合	□	5	
3	翼刀、副翼	各 1 对，尺寸、形状三视图吻合	□	5	
4	方向舵、升降舵、电机座	各 1 个，尺寸、形状与三视图吻合	□	5	
5	起落架支柱	1 个，尺寸、形状与三视图吻合	□	5	
6	轮轴、机轮	1+2，尺寸、形状与三视图吻合	□	10	
7	起落架连接套	2 个，尺寸、形状与三视图吻合	□	10	
8	电机	1 个，尺寸、形状与三视图吻合	□	15	
9	舵机	3 个，尺寸、形状与三视图吻合	□	15	
10	螺旋桨	1 个，尺寸、形状与三视图吻合	□	25	
合计				100	

（二）其他评价

其他评价要求见表 2-3-5。

表 2-3-5　自我评价与教师评价记录

实训项目				姓名		学号	
序号	评估项目	分值	实训要求	自我评价	教师评价	得分	
1	任务完成情况	20	按三视图要求完成任务				
2	建模积极性	15	尽快完成任务并提交				
3	在线讨论	15	在线课程上积极发帖讨论				
4	课堂纪律	15	遵守纪律，设备未损坏				
5	课堂参与度	15	按要求全程参与教学过程				

续表

序号	评估项目	分值	实训要求	自我评价	教师评价	得分
6	出勤	10	不迟到、不早退、不旷课			
7	6S 管理	10	主动整理现场			
总计						

评价说明：得分＝教师评价－（"教师评价"与"自我评价"之差）

实训总结与反思：

任务四　虚拟装配

一、教学目标和要求

（1）熟悉 Solid Works 装配体界面。

（2）掌握插入零部件的方法。

（3）掌握零部件配合定位的方法。

（4）掌握 eDrawings 插件的使用方法。

（5）通过虚拟装配，熟悉航模的构造，保证航模制作的成功率。

（6）按照任务书完成任务并按时上交作业。

二、任务描述

（1）课前根据任务书要求，进入在线课程，完成学习任务和任务测验。

（2）以装配图为标准，以装配效果为参考，根据视频说明进行航模装配体的装配。

（3）线上或者线下讨论解决课前虚拟装配过程中遇到的问题，未能解决的问题进行认真总结记录，在课堂上与教师一起解决。装配体如图 2-4-1 所示。

（4）建议学时：2 学时。

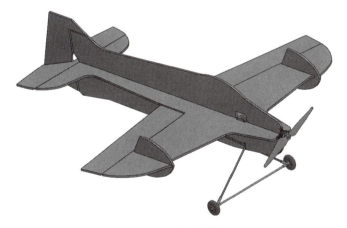

图 2-4-1　装配体效果

三、课前任务

根据任务书要求完成课前任务，见表 2-4-1。

表 2-4-1 "航模虚拟装配"任务书

任务名称	航模虚拟装配	班　级	
姓　名		学　号	
学习资料			
	扫左侧二维码 轻松浏览课程内容 ←	扫右侧二维码 参与互动并查阅详细资料 →	
任务要求			
1. 进入在线课程，分别点击页签"装配效果""装配图"，下载"航模装配体"文件和"航模装配图"文件做好课前准备，点击页签"虚拟装配视频"，观看视频进行课前预习。 2. 以装配图为标准，以装配效果为参考，根据视频说明进行航模装配体的装配。 3. 将收获和遇到的问题填到下表。 4. 将填写完成的任务书拍照上传到在线课程的讨论区			
学习收获和问题记录			
学习收获	学习中所遇问题及解决办法		学习中未解决的问题

四、教学内容和步骤

（一）任务汇报

教师根据学生课前提交的任务情况，采用课堂活动的方式，请学生进行经验分享、问题讨论，然后教师点评指导学生解决遇到的问题。

（二）虚拟组装

1. 机体虚拟装配

扫描二维码进入在线课程，分别点击"装配效果"和"装配图"页签，下载文件，文件包括"航模装配图"和"航模装配效果"，仔细观察每个零件的位置和零件之间的相互关系。

点击页签"机体装配"，认真观看视频，完成机体虚拟装配，如图 2-4-2 所示。

图 2-4-2　机体虚拟装配效果

2．舵面虚拟装配

点击页签"舵面装配"，认真观看视频，完成舵面虚拟装配，注意匹配副翼偏转的正确关系，如图 2-4-3 所示。

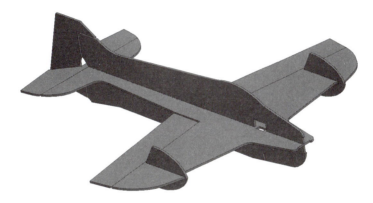

图 2-4-3　舵面虚拟装配效果

3．起落架虚拟装配

点击页签"起落架装配"，认真观看视频，完成起落架虚拟装配，如图 2-4-4 所示。

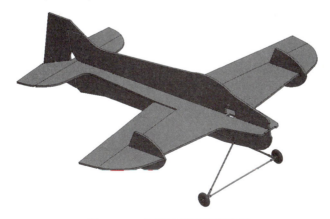

图 2-4-4　起落架虚拟装配效果

4．电子设备虚拟装配

点击页签"电子设备装配"，认真观看视频，完成电子设备虚拟装配，如图 2-4-5 所示。

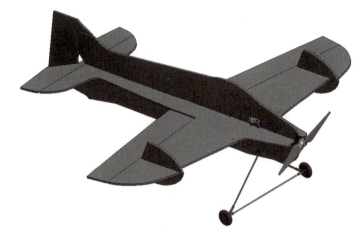

图 2-4-5　电子设备虚拟装配效果

五、检查与评价

（一）航模虚拟装配评价

全面评价学生的虚拟装配情况，评价要求见表 2-4-2。

表 2-4-2　航模虚拟装配评价记录

班级＿＿＿＿＿＿学号＿＿＿＿＿＿姓名＿＿＿＿＿＿任课教师＿＿＿＿＿＿					
装配体完整度检查					
序号	检查内容	技术要求	是否达标	分值	得分
1	零件数量	21 个	□	10	
2	配合限制	除了舵面可以偏转，其他零件都配合固定	□	35	
3	尾翼舵面	升降舵、方向舵可自由偏转	□	20	
4	副翼差动	给一个副翼输入偏转指令，另一个反向偏转	□	15	
5	干涉检查	无干涉或者干涉部位不影响装配功能	□	20	
合计				100	

（二）其他评价

其他评价要求见表 2-4-3。

表 2-4-3　自我评价与教师评价记录

实训项目				姓名		学号	
序号	评估项目	分值	实训要求	自我评价	教师评价	得分
1	任务完成情况	20	按照装配图要求完成任务			
2	任务完成积极性	15	尽快完成任务并提交			
3	在线讨论	15	在线课程上积极发帖讨论			
4	课堂纪律	15	遵守纪律，设备未损坏			
5	课堂参与度	15	按要求全程参与教学过程			
6	出勤	10	不迟到、不早退、不旷课			
7	6S 管理	10	主动整理现场			
总计						

评价说明：得分＝教师评价－（"教师评价"与"自我评价"之差）

实训总结与反思：

项目三 航模制作

任务一 零件加工

一、教学目标和要求

（1）掌握激光切割的操作方法。

（2）熟悉激光加工的安全操作规程。

（3）掌握零件加工的排版方法，树立成本意识。

（4）培养设备的操作规范意识和安全意识。

二、任务描述

（1）课前根据任务书要求，扫描二维码进入在线课程，完成学习任务和章节测验。

（2）下载"激光加工排版图"，查看视频讲解，以图纸为参考，进行图纸排版，要求根据材料的尺寸进行排版，尽可能节省材料，树立成本意识。

（3）将排版的效果图截图上传到在线课程进行分享讨论。

（4）线上（通过在线课程，直接向教师请教）或者线下讨论解决课前遇到的问题，未能解决的问题进行认真总结记录，在课堂上与教师一起解决。

（5）根据要求进行零件加工，如图 3-1-1 所示。

（6）建议学时：2 学时。

图 3-1-1 零件激光加工

三、课前任务

根据任务书要求完成课前任务，见表 3-1-1。

表 3-1-1 "航模零件加工"任务书

任务名称	航模零件加工		班 级	
姓 名			学 号	
学习资料				
	扫左侧二维码 轻松浏览课程内容 		扫右侧二维码 参与互动并查阅详细资料 	

任务要求

1. 进入在线课程，点击页签"加工图纸"，下载"激光加工排版图"文件做好课前准备，点击页签"教学 PPT"和"教学视频"，进行课前预习。
2. 以图纸为参考，根据材料的尺寸进行排版，尽可能节省材料，树立成本意识。
3. 将排版的效果图截图上传在线课程进行分享讨论。
4. 将收获和遇到的问题填入下表。
5. 将填写完成的任务书拍照上传到在线课程的讨论区

学习收获和问题记录

学习收获	学习中所遇问题及解决办法	学习中未解决的问题

四、教学内容和步骤

（一）任务汇报

教师根据学生课前提交的任务情况，采用课堂活动的方式，请学生进行经验分享、问题讨论，然后教师点评指导学生解决遇到的问题。

（二）图纸排版

根据原材料尺寸，参考加工图纸的排版效果，引导学生进行排版。本任务以 600 mm×900 mm 的 KT 板材料为例来进行排版和零件加工，在保证满足零件加工要求的前提下，以节省材料、控制成本为目标。大家进行排版比拼，以能加工出零件数量的多少进行评价，最后以最优方案作为最终零件加工方案。

（三）激光加工

扫描二维码进入在线课程，认真学习激光加工的教学视频，然后根据教师的讲解和演示，使用激光加工机床进行零件的加工。在加工操作之前认真阅读机床安全操作规程，确保实训过程的安全实施。

五、检查与评价

（一）零件加工评价

全面评价学生对零件加工过程的掌握情况，评价要求见表 3-1-2。

表 3-1-2　航模零件加工评价记录

班级_____学号_____姓名_____任课教师_____					
零件加工检查					
序号	检查内容	技术要求	是否达标	分值	得分
1	零件数量	至少完成每张 KT 板两套航模零件的加工要求	□	20	
2	加工精度	没有明显的烧蚀和收缩	□	20	
3	完成度	加工之后零件和剩料之间没有多余的连接	□	20	
4	完整度	每个零件都没有缺角和破损	□	20	
5	安全操作	严格执行安全规程，无违规操作	□	20	
合计				100	

（二）其他评价

其他评价要求见表 3-1-3。

表 3-1-3　自我评价与教师评价记录

实训项目				姓名		学号	
序号	评估项目	分值	实训要求	自我评价		教师评价	得分
1	任务完成情况	20	按要求完成任务				
2	任务完成积极性	15	尽快完成任务并提交				
3	操作规程	15	严格执行安全操作规程				
4	课堂纪律	15	遵守纪律，设备未损坏				

续表

序号	评估项目	分值	实训要求	自我评价	教师评价	得分
5	课堂参与度	15	按要求全程参与教学过程			
6	出勤	10	不迟到、不早退、不旷课			
7	6S 管理	10	主动整理现场及卫生			
			总计			
评价说明：得分=教师评价－（"教师评价"与"自我评价"之差）						
实训总结与反思：						

任务二 航模制作

一、教学目标和要求

（1）熟悉航模的制作过程。
（2）掌握热熔胶枪的安全使用技巧。
（3）掌握美工刀的安全使用技巧。
（4）培养动手能力和工程实施能力。

二、任务描述

（1）课前根据任务书要求，进入在线课程，完成学习任务和任务测验。
（2）根据表 3-2-3、表 3-2-4 进行航模制作前的材料准备和工具准备。
（3）线上或者线下讨论解决课前遇到的问题，未能解决的问题进行认真总结记录，在课堂上与教师一起解决。制作效果如图 3-2-1 所示。
（4）课上扫描二维码进入在线课程，查看相关视频介绍，以航模制作效果为参考，根据视频介绍，进行航模制作。
（5）建议学时：2 学时。

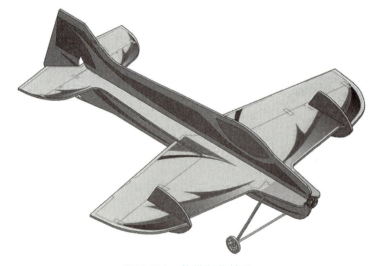

图 3-2-1 航模制作效果

三、课前任务

根据任务书要求完成课前任务，见表 3-2-1。

表 3-2-1 "航模制作" 任务书

任务名称	航模制作	班　级	
姓　名		学　号	
学习资料			
	扫左侧二维码 轻松浏览课程内容	扫右侧二维码 参与互动并查阅详细资料	

任务要求

1. 进入在线课程，点击页签"制作效果"，下载"航模装配体"文件做好课前准备，点击页签"教学资料"，进行课前预习。
2. 完成任务测试。
3. 将准备好的零件和工具拍照上传到在线课程进行分享讨论。
4. 将收获和遇到的问题填入下表。
5. 将填写完成的任务书拍照上传到在线课程的讨论区

学习收获和问题记录

学习收获	学习中所遇问题及解决办法	学习中未解决的问题

四、教学内容和步骤

（一）任务汇报

教师根据学生课前提交的任务情况，采用课堂活动的方式，请学生进行经验分享、问题讨论，然后教师点评指导学生解决遇到的问题。

（二）学生分组

根据班级人数进行分组，建议每个组 4~6 人，分工合作，提升学生的合作能力和团队意识。表 3-2-2 用于"项目三航模制作""项目四调试试飞"两个项目的考核，详细考核学生成绩。

表 3-2-2 航模制作、调试试飞分组考核

班级				项目	航模制作、调试试飞
组别	学生	制作准备 （10%）	制作工艺 （40%）	航模调试 （25%）	试飞性能 （25%）	总评成绩
		按时按要求完成制作准备，结合准备过程中个人的参与度评分	按时按要求完成航模制作，结合制作过程中个人的参与度评分	小组调试，教师要求每位同学叙述调试步骤及其依据，综合评分	根据航模的试飞性能评分	
1组						
2组						
3组						

（三）航模制作实训

1. 制作准备

根据表 3-2-3、表 3-2-4 进行航模制作前的材料准备和工具准备。

表 3-2-3　航模制作零件清单

序号	零件名称	零件数量	材料	示意图
1	水平机身	1	KT 板	
2	垂直机身（上）	1	KT 板	
3	垂直机身（下）	1	KT 板	
4	翼刀	2	KT 板	
5	方向舵	1	KT 板	
6	副翼	1 对	KT 板	
7	升降舵	1	KT 板	
8	电机座	1	椴木板	

表 3-2-4　航模制作工具清单

序号	名称	型号	单位	数量	示意图	备注
1	热熔胶枪	7 mm	把	1		注意安全，防止烫伤
2	热熔胶棒	7 mm	根	若干		
3	壁纸刀	—	把	1		注意安全，防止割伤
4	模型打磨条	2 cm	块	1		注意使用，禁止划伤桌子

2．机体制作

　　扫码进入在线课程，点击页签"制作效果"下载航模装配体文件，仔细查看零件之间的关系。点击页签"机体制作"，认真观看视频，制作航模机体，如图 3-2-2 所示。

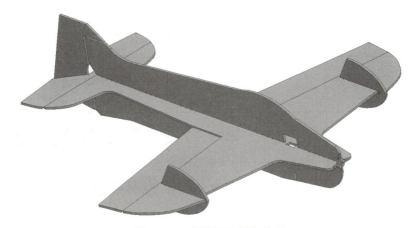

图 3-2-2　航模机体制作效果

3．操纵系统安装

扫码进入在线课程，点击页签"制作效果"下载航模装配体文件，仔细查看各电子设备的安装位置。点击页签"操纵系统制作"，认真观看视频，制作航模操纵系统，如图 3-2-3 所示。

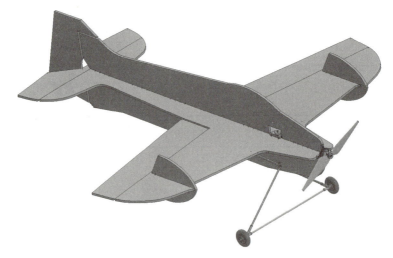

图 3-2-3　航模制作效果

五、检查与评价

（一）航模制作评价

全面评价学生对航模制作过程的掌握情况，评价要求见表 3-2-5。

表 3-2-5　航模制作评价记录

	班级＿＿＿＿＿＿＿	学号＿＿＿＿＿＿＿	姓名＿＿＿＿＿＿＿ 任课教师＿＿＿＿＿＿＿			
			航模制作检查			
序号	检查内容	技术要求		是否达标	分值	得分
1	舵面制作	每个舵面的斜面加工精确，与机身连接正确		☐	20	
2	制作质量	制作精良，零件位置准确，胶接缝完整、光滑		☐	25	
3	完成度	零件数量完整，所有胶接接缝满足要求		☐	10	
4	重量	满足前面要求的情况下，质量越轻越好		☐	20	
5	安全操作	严格执行安全规程，无违规操作		☐	25	
		合计			100	

（二）其他评价

其他评价要求见表 3-2-6。

表 3-2-6　自我评价与教师评价记录

	实训项目			姓名		学号	
序号	评估项目	分值	实训要求	自我评价	教师评价	得分	
1	任务完成情况	20	按要求完成任务				
2	任务完成积极性	15	尽快完成任务并提交				
3	操作规程	15	严格执行安全操作规程				
4	课堂纪律	15	遵守纪律，设备未损坏				
5	课堂参与度	15	按要求全程参与教学过程				
6	出勤	10	不迟到、不早退、不旷课				
7	6S 管理	10	主动整理现场				
		总计					
评价说明：得分＝教师评价－（"教师评价"与"自我评价"之差）							
实训总结与反思：							

任务三　电子设备连接

一、教学目标和要求

（1）熟悉每一个电子设备的名称和作用。

（2）熟悉电子设备参数的具体含义。

（3）掌握电子设备的安装连接方法。

（4）掌握电烙铁的安全使用技巧。

（5）按照任务书完成任务，并按教师要求上交作业。

二、任务描述

（1）课前根据任务书要求，进入在线课程，完成学习任务和任务测验。

（2）线上或者线下讨论解决课前遇到的问题，未能解决的问题进行认真总结记录，在课堂上和教师一起解决。

（3）课上扫描二维码进入在线课程，查看教学视频，按照视频讲解的安装要求和步骤进行操作，如图3-3-1所示（注意：在得到教师允许之前，禁止安装螺旋桨）。

（4）实训完成之后，将作品照片和实训心得分享到在线课程进行讨论交流。

（5）课后可查看在线课程上本任务的知识扩展，自己根据视频讲解完成航模机身加强步骤。

（6）建议学时：2学时。

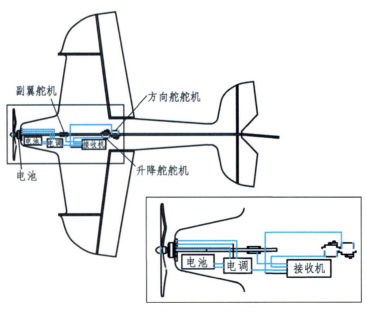

图 3-3-1　航模电子设备连接

三、课前任务

根据任务书要求完成课前任务，见表 3-3-1。

表 3-3-1 "电子设备连接"任务书

任务名称	电子设备连接	班 级	
姓 名		学 号	
学习资料			
	扫左侧二维码 轻松浏览课程内容 ←	扫右侧二维码 参与互动并查阅详细资料 →	
任务要求			
1. 进入在线课程，进行课前预习。 2. 点击页签"任务书"，根据任务书要求，以及表 3-3-2 和表 3-3-3 做好课前准备。 3. 将准备好的零件和工具拍照上传到在线课程进行分享讨论。 4. 将收获和遇到的问题填入下表。 5. 将填写完成的任务书拍照上传到在线课程的讨论区。 6. 在得到教师允许之前，**禁止安装螺旋桨**			
学习收获和问题记录			
学习收获	学习中所遇问题及解决办法		学习中未解决的问题

四、教学内容和步骤

（一）任务汇报

教师根据学生课前提交的任务测验等学习情况，采用课堂活动的方式，请学生进行经验分享、问题讨论，然后教师点评指导学生解决遇到的问题。

（二）学生分组

根据上次课的分组方式，分工合作，提升学生的合作能力和团队意识。

（三）电子设备安装实训

1. 实训准备

课前根据表 3-3-2 和表 3-3-3 进行电子设备安装实训前的材料准备和工具准备。

表 3-3-2　航模电子设备安装配件清单

序号	名称	型号	单位	数量	备注
1	电机	2204KV1480	个	1	
2	螺旋桨	8060	个	1	安装前向教师申请
3	电调	10 A（或 12 A）2—3S	个	1	
4	电池	3S400 mAH	个	1	3S500 mAH 也可以
5	舵机	9 g	个	1	用于副翼
6	舵机	5 g（也可用 9 g 代替）	个	2	用于升降舵和方向舵
7	接收机	4 通道（或以上）	个	1	匹配遥控器
8	香蕉头	2 mm	对	3	
9	插头	XT30（或 JST）	对	1	电池电调匹配
10	热缩管	2 mm		若干	
11	舵脚	常规	个	4	
12	拉杆	1 mm		若干	
13	碳管	3 mm×1 mm×1000 mm	根	2	
14	热熔胶	7 mm	根	若干	
15	电机座		个	1	匹配电机
16	扎带		根	1	固定电池
17	焊锡			若干	

表 3-3-3　电子设备安装工具和设备清单

序号	名称	型号	单位	数量	备注
1	螺丝刀		套	1	
2	电烙铁		把	1	
3	尖嘴钳		把	1	
4	剥线钳		把	1	
5	焊台		个	1	
6	热熔胶枪	7 mm	把	1	
7	Z 字钳		把	1	
8	斜口钳		把	1	
9	扩孔器		把	1	
10	壁纸刀		套	1	

2．电子设备安装与连接

扫码进入在线课程，点击页签"教学视频"仔细观看，根据教学视频的操作步骤和要求进行电子设备安装和连接，效果如图 3-3-1 所示。

五、检查与评价

（一）电子设备安装评价

全面评价学生对电子设备安装和连接过程的掌握情况，评价要求见表 3-3-4。

表 3-3-4　电子设备安装评价记录

班级＿＿＿＿＿＿学号＿＿＿＿＿＿姓名＿＿＿＿＿＿任课教师＿＿＿＿＿＿

电子设备安装检查					
序号	检查内容	技术要求	是否达标	分值	得分
1	设备安装	电机、舵机的安装正确	□	10	
2	拉杆制作	拉杆的制作精良，形状和尺寸准确，连接可靠	□	25	
3	舵机回中	确保舵机回中	□	10	
4	操纵系统	舵面、拉杆、舵机连接正确	□	20	
5	设备连接	电机、电调、接收机、电池等设备连接正确	□	25	
6	美观程度	对线路进行布局整理，安全、美观	□	10	
合计				100	

（二）其他评价

其他评价要求见表 3-3-5。

表 3-3-5　自我评价与教师评价记录

实训项目				姓名		学号	
序号	评估项目	分值	实训要求	自我评价		教师评价	得分
1	任务完成情况	20	按要求完成任务				
2	任务完成积极性	15	尽快完成任务并提交				
3	操作规程	15	严格执行安全操作规程				
4	课堂纪律	15	遵守纪律，设备未损坏				

续表

序号	评估项目	分值	实训要求	自我评价	教师评价	得分
5	课堂参与度	15	按要求全程参与教学过程			
6	出勤	10	不迟到、不早退、不旷课			
7	6S 管理	10	主动整理现场			
	总计					

评价说明：得分＝教师评价－（"教师评价"与"自我评价"之差）

实训总结与反思：

项目四 调试试飞

任务一 航模调试

一、教学目标和要求

（1）熟悉航模的调试过程。

（2）掌握遥控器的安全使用方法。

（3）掌握航模上电的安全规程（**特别重要**）。

（4）掌握航模重心位置及调整方法。

（5）掌握每个舵面的偏转方向及调试方法。

（6）体验固定翼飞行器的操控原理。

二、任务描述

（1）课前根据任务书要求，扫描二维码进入在线课程，点击页签"知识准备"，观看视频"秒懂飞行原理"，再查看教学 PPT，为调试操作做好知识储备。

（2）线上或者线下讨论解决课前遇到的问题，未能解决的问题进行认真总结记录，在课堂上与教师一起解决。

（3）进入在线课程，按照视频的讲解进行调试操作，调试过程中禁止安装螺旋桨，如图 4-1-1 所示。

（4）**调试完成之后再安装螺旋桨，安装螺旋桨之后航模就具有危险性，必须在教师的指导下才能进行通电操作。**

（5）建议学时：1 学时。

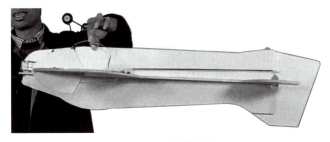

图 4-1-1 航模调试

三、课前任务

根据任务书要求完成课前任务，见表 4-1-1。

表 4-1-1 "航模调试"任务书

任务名称	航模调试	班　级	
姓　名		学　号	
学习资料			
	扫左侧二维码 轻松浏览课程内容 ←	扫右侧二维码 参与互动并查阅详细资料 →	
任务要求			
1. 进入在线课程，进行课前预习，完成任务测试。 2. 点击页签"任务书"，根据任务书要求，以及表 4-1-2 做好课前准备。 3. 将准备好的零件和工具拍照上传到在线课程进行分享讨论。 4. 将收获和遇到的问题填入下表。 5. 将填写完成的任务书和课前准备情况拍照上传到在线课程的讨论区			
学习收获和问题记录			
学习收获	学习中所遇问题及解决办法		学习中未解决的问题

四、教学内容和步骤

（一）任务汇报

教师根据学生课前提交的任务情况，采用课堂活动的方式，请学生进行经验分享、问题讨论，然后教师点评指导学生解决遇到的问题。

（二）航模调试实训

1. 实训准备

课前按照表 4-1-2 做好实训准备。注意将航模的动力电池和遥控器的电池充满电，建议充电器要选择平衡充电器，参数设置：电压选择 4.2 V、电流要根据电池的充电倍率进行选择。充电过程要有专人看管，充电器"提示"：**电池充满之后立即停止充电，避免造成危险。**

表 4-1-2　航模调试课前准备清单

序号	名称	型号	单位	数量	备注
1	航模		个	1	准备好自己制作的航模
2	遥控器	6 通道或以上	个	1	根据实训室条件准备
3	接收机	4 通道或以上	个	1	与遥控器匹配
4	动力电池	3S400mAH	个	1	充满电
5	控电	匹配遥控器	个	1	充满电

2．动力电池的安装

扫码进入在线课程，点击页签"教学视频"，根据教学视频的操作步骤和要求进行动力电池的安装，要求航模重心位置正确，电池安装牢固。

3．电机转向确认

根据视频演示进行操作，步骤和注意事项如下：

（1）遥控器通电，油门杆归零，锁定油门锁，遥控器平放。

（2）航模通电，**不要安装螺旋桨。**

（3）遥控器解开油门锁，轻推油门杆检查电机转向是否正确（与所用螺旋桨匹配）。

（4）若电机转向不对，则将电调和电机的三根连线中的任意两根进行对调即可。

（5）若油门空行程过多，则进行油门校准操作。

4．航模舵面调试

根据视频演示进行操作，将课前学习的"秒懂飞行原理"用于指导航模舵面的调试。如果舵面偏转方向不对，则通过遥控器的正反设置进行改变。

5．关闭电源

关闭电源前要先关闭航模的电源，再关闭遥控器的电源。

五、检查与评价

（一）航模调试评价

全面评价学生对航模调试过程的掌握情况，评价要求见表 4-1-3。

表 4-1-3　航模调试评价记录

班级＿＿＿＿＿　学号＿＿＿＿＿　姓名＿＿＿＿＿　任课教师＿＿＿＿＿					
航模调试检查					
序号	检查内容	技术要求	是否达标	分值	得分
1	重心检查	重心位置正确，机翼前缘向后 1/3 翼弦处	☐	20	
2	电池检查	电池安装牢固，不松动，不滑动	☐	15	
3	电机检查	电机转向正确（和螺旋桨匹配）	☐	20	
4	油门检查	油门空行程要小或者几乎没有	☐	20	
5	舵面检查	副翼、升降舵、方向舵偏转角度和方向正确	☐	25	
合计				100	

（二）其他评价

其他评价要求见表 4-1-4。

表 4-1-4　自我评价与教师评价记录

实训项目				姓名		学号	
序号	评估项目	分值	实训要求	自我评价	教师评价	得分	
1	任务完成情况	20	按要求完成任务				
2	任务完成积极性	15	尽快完成任务并提交				
3	操作规程	15	严格执行安全操作规程				
4	课堂纪律	15	遵守纪律，设备未损坏				
5	课堂参与度	15	按要求全程参与教学过程				
6	出勤	10	不迟到、不早退、不旷课				
7	6S 管理	10	主动整理现场				
总计							
评价说明：得分＝教师评价－（"教师评价"与"自我评价"之差）							
实训总结与反思：							

任务二　航模试飞

一、教学目标和要求

（1）熟悉航模的试飞过程。
（2）掌握固定翼的飞行原理。
（3）掌握航模上电的**安全规程（特别重要）**。
（4）掌握航模飞行的安全规程。
（5）体验航模的飞行过程。

二、任务描述

（1）课前根据任务书要求完成课前任务。
（2）线上或者线下讨论解决课前遇到的问题，未能解决的问题进行认真总结记录，在课堂上与教师一起解决。
（3）课上查看教学视频，按照视频的试飞要求和步骤进行航模的试飞操作，如图4-2-1所示。
（4）建议学时：1学时。

图 4-2-1　航模试飞

三、课前任务

根据任务书要求完成课前任务，见表 4-2-1。

表 4-2-1 "航模试飞"任务书

任务名称	航模试飞		班　级	
姓　名			学　号	
学习资料				

	扫左侧二维码 轻松浏览课程内容	扫右侧二维码 参与互动并查阅详细资料	

任务要求

1. 进入在线课程，进行课前预习，任务测试。
2. 点击页签"任务书"，根据任务书要求，以及表 4-2-2 做好课前准备。
3. 将准备好的设备和工具拍照上传在线课程进行分享讨论。
4. 将收获和遇到的问题填入下表。
5. 将填写完成的任务书拍照上传到在线课程的讨论区。
6. **航模飞行是具有一定危险性的，必须在教师的指导下进行**

学习收获和问题记录

学习收获	学习中所遇问题及解决办法	学习中未解决的问题

四、教学内容和步骤

(一) 任务汇报

教师根据学生课前提交的章节测验等任务情况，采用课堂活动的方式，请学生进行经验分享、问题讨论，然后教师点评指导学生解决遇到的问题。

(二) 航模试飞实训

1. 课前准备

按照表 4-2-2 做好航模试飞实训准备。

表 4-2-2　航模试飞准备清单

序号	名称	型号	单位	数量	备注
1	航模		个	1	准备好自己制作的航模
2	遥控器	6 通道或以上	个	1	根据实训室条件准备
3	接收机	4 通道或以上	个	1	与遥控器匹配
4	动力电池	3S400mAH	个	1	充满电
5	控电	匹配遥控器	个	1	充满电
6	工具箱		个	1	收纳外场工具
7	外场胶枪	7 mm	个	1	修航模备用
8	热熔胶棒	7 mm	根	若干	修航模备用
9	螺旋桨	8060 小孔桨	个	若干	备用
10	BB 响	1-8S 普通版	个	1	试飞电源报警

2．飞前检查和准备

扫码进入在线课程，点击页签"教学视频"，根据教学视频的操作步骤及注意事项进行试飞操作。**航模飞行是具有一定危险性的，必须在教师的指导下进行。**

1）遥控器电源启动

将油门杆归零，锁定油门锁，并将遥控平放于地面，不能立放，更不能挂在身上进行其他操作，以免误碰油门杆而引发危险。

2）航模电源启动

（1）检查电池电压。注意：不仅是检查总电压，还要认真查看每一片电池的电压。

（2）电源启动时，机头不要对着人，螺旋桨的旋转平面也不能有人，由操作者本人或者助手固定飞机。整个上电过程中，人的任何部位都不得接近螺旋桨的旋转范围。

3）动力测试

电源启动后，将航模放在跑道上，助手将航模固定（调试中避免航模失控），操作者拿起遥控器（**注意拿遥控器的姿势，测试前拇指按在油门杆上，保证油门置零**），测试动力，如果油门空行程过大，则需进行校准。

4）油门行程校准

油门行程校准步骤：航模处于断电状态—遥控通电，并将油门杆推至最大—航模通电（安全事项如上）—发出两次连续"嘀嘀"声响—迅速将油门杆回零—航模继续确认"嘀嘀嘀——嘀"—校准完毕（校准声响会因电子设备品牌不同而有所差异，详见设备说明书）。

5）舵面检查

检查各个舵面的舵量和偏转方向，进行相应的设置，避免起飞后因舵量不足或者反舵而失控坠机。

3．航模试飞

1）起落航线试飞

测试航模的常规性能，通过试飞检查航模的常规飞行性能和起降性能。

2）特技飞行试飞

起落航线试飞降落后检查航模各个部分情况以及电池电压，重新起飞，试飞特技动作，测试航模的机动性能、机身刚度等。

4．关闭电源

关闭电源时，要先关闭航模的电源，再关闭遥控器的电源。

5．飞后处理

航模试飞完成后，收拾好现场，结束实训。

五、检查与评价

（一）航模试飞评价

全面评价学生对航模试飞过程的掌握情况，评价要求见表4-2-3。

表4-2-3　航模试飞评价记录

班级＿＿＿＿＿＿＿学号＿＿＿＿＿＿＿姓名＿＿＿＿＿＿＿任课教师＿＿＿＿＿＿＿					
航模调试检查					
序号	检查内容	技术要求	是否达标	分值	得分
1	地面滑跑	姿态正确，滑跑控制精准	□	20	
2	起飞过程	离地干脆，爬升平稳	□	15	
3	试飞控制	俯仰、横滚、偏航控制精准	□	20	
4	机体刚度	大幅度机动（如内筋斗）时航模无明显变形	□	20	
5	整体精度	重心准确，平飞时几乎不用打舵纠偏	□	25	
合计				100	

（二）其他评价

其他评价要求见表4-2-4。

表4-2-4　自我评价与教师评价记录

实训项目				姓名		学号	
序号	评估项目	分值	实训要求		自我评价	教师评价	得分
1	任务完成情况	20	按要求完成任务				
2	任务完成积极性	15	尽快完成任务并提交				
3	操作规程	15	严格执行安全操作规程				

续表

序号	评估项目	分值	实训要求	自我评价	教师评价	得分
4	课堂纪律	15	遵守纪律，设备未损坏			
5	课堂参与度	15	按要求全程参与教学过程			
6	出勤	10	不迟到、不早退、不旷课			
7	6S 管理	10	主动整理现场			
总计						

评价说明：得分＝教师评价－（"教师评价"与"自我评价"之差）

实训总结与反思：

情境二　经典再现——"蟋蟀"制作

　　本情境是编者参考"蟋蟀"飞机的原型机进行设计的，在考虑工艺改进的基础上最大限度地保留了原型机的气动特点，目的是以参考的方式和读者朋友一起来熟悉无人机设计的全过程，为后续的内容奠定基础。而编者在进行结构设计的时候，则是在不改变外形设计的前提下，从成本、加工工艺等方面去考虑，尽可能提高本设计在教学过程中的可操作性，材料选用尽量考虑低价格、易加工、密度小的特点，设备方面则不涉及价格高昂、大型、操作难度大的专用设备，工具都使用通用工具。

　　"蟋蟀"的具体结构分为机翼、机身、尾翼、起落架等几大部件，如果读者对材料、设备、工具等方面有特殊要求，可根据编者所提供的图纸、方法等进行针对性改进。

项目五　整机建模

任务一　飞翼整机建模

一、教学目标和要求

（1）了解翼型的基础知识。

（2）了解翼型与机翼的关系。

（3）初步掌握像真机建模的方法。

（4）掌握放样凸台实体建模的方法。

（5）掌握镜像的建模方法。

（6）按照任务书完成任务并按时上交作业。

二、任务描述

（1）课前根据任务书要求，进入在线课程，完成学习任务和章任务测验。

（2）线上或者线下讨论解决课前遇到的问题，未能解决的问题进行认真总结记录，在课堂上与教师一起解决。

（3）课上完成飞翼的整机建模任务，如图 5-1-1 所示。

（4）建议学时：2 学时。

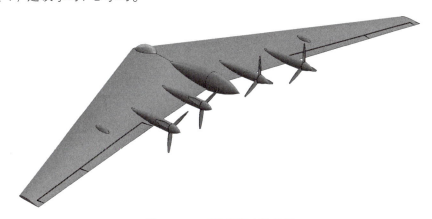

图 5-1-1　飞翼整机建模效果

三、课前任务

根据任务书要求完成课前任务，见表 5-1-1。

表 5-1-1   "飞翼整机建模"任务书

任务名称	飞翼整机建模	班　级	
姓　名		学　号	
学习资料			
	扫左侧二维码 轻松浏览课程内容 ◀	扫右侧二维码 参与互动并查阅详 细资料 ▶	
任务要求			
1. 进入在线课程，点击页签"翼型基础"学习翼型相关知识。 2. 点击"2.2.2 profili 软件"下载"Profili 软件"做好准备。 3. 分别点击页签"建模效果""飞机图纸"，下载"飞翼整机建模效果"文件和"三视图"文件做好课前准备，点击页签"建模视频"，观看视频进行课前预习。 4. 完成任务测验。 5. 将收获和遇到的问题填入下表。 6. 将填写完成的任务书拍照上传到在线课程的讨论区			
学习收获和问题记录			
学习收获	学习中所遇问题及解决办法		学习中未解决的问题

四、教学内容和步骤

（一）任务汇报

教师根据学生课前提交的任务情况，采用课堂活动的方式，请学生进行经验分享、问题讨论，然后教师点评指导学生解决所遇到的问题。

（二）教学内容

1. 翼型基础知识

扫码进入在线课程，学习翼型基础知识，为后续设计奠定基础，翼型基础知识主要介绍以下几部分内容：

（1）翼型的概念。

（2）翼型的几何参数。

（3）翼型的发展。

（4）典型翼型简介。

2. 翼型选择与绘制

翼型是指飞机机翼、尾翼等翼面上，与飞机对称面平行的剖面形状，也常被称为翼剖面。在飞机设计中，翼型设计至关重要。可以借助机翼设计软件（如本书中推荐的"Profili"软件）来进行翼型设计。在此，我们先使用书中提供的图纸进行练习。

3. 飞机整机建模

通过课前预习，课中师生互动讨论翼型与升力的关系，建立真正的飞机需要精密而考究的外形特征的概念。

4. 课堂讨论

（1）翼型与升力的关系。

（2）飞机的外形设计需要考虑哪些因素？为何？

扫码进入在线课程，下载"飞翼整机建模效果"文件和"三视图"文件，打开建模效果文件认真研读，点击页签"建模视频"，完成飞翼的整机建模。建模效果如图5-1-1所示，将建模作品和学习心得分享到在线课程的讨论板块。

五、检查与评价

全面评价学生的学习情况，评价要求见表5-1-2。

表 5-1-2　飞翼整机建模评价记录

学习内容				姓名		学号		
序号	评估项目	分值	学习要求	自我评价		教师评价		得分
1	章节测验	20	学完相关视频后在线完成	将在线成绩×0.2填在后面得分项里				
2	任务完成	20	完成并上交在线课程					
3	完成精度	20	尺寸、形状与三视图吻合					
4	课堂纪律	10	遵守纪律					
5	课堂讨论	10	按要求全程参与互动讨论					

学习内容				姓名		学号	
序号	评估项目	分值	学习要求	自我评价	教师评价	得分	
6	出勤	10	不迟到、不早退、不旷课				
7	6S 管理	10	主动整理现场				
总计							

评价说明：得分＝教师评价－（"教师评价"与"自我评价"之差）

学习总结与反思：

任务二 "蟋蟀"整机建模

一、教学目标和要求

（1）掌握套合样条曲线的使用方法。
（2）熟练掌握插入基准面的方法。
（3）熟练掌握放样凸台实体建模的方法。
（4）熟练掌握镜像命令的使用方法。
（5）掌握像真机建模的方法。
（6）通过建模熟悉无人机的具体构造。

二、任务描述

（1）课前根据任务书要求，进入在线课程，完成学习任务和任务测验。
（2）进入在线课程下载效果图和图纸，并查看相关视频介绍，参考建模效果图，根据视频讲解，课前进行建模练习。
（3）课线上或者线下讨论解决课前遇到的问题，未能解决的问题进行认真总结记录，在课堂上与教师一起解决。
（4）课上完成整机建模任务，整机建模效果如图 5-2-1 所示。
（5）建议学时：4 学时。

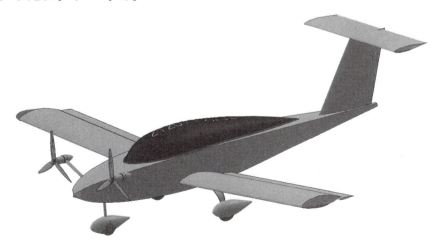

图 5-2-1 "蟋蟀"整机建模效果

三、课前任务

根据任务书要求完成课前任务，见表 5-2-1。

表 5-2-1 "蟋蟀"整机建模任务书

任务名称	"蟋蟀"整机建模	班　级	
姓　名		学　号	
学习资料			
	扫左侧二维码 轻松浏览课程内容 ←	扫右侧二维码 参与互动并查阅详 细资料 →	
任务要求			
1. 进入在线课程，进行课前预习，完成任务测试。 2. 分别点击页签"建模效果和图纸"下载建模效果和图纸文件做好课前准备。 3. 以图纸为标准，以建模效果图为参考，根据视频说明进行航模零件建模。 4. 将收获和遇到的问题填入下表。 5. 将填写完成的任务书拍照上传到在线课程的讨论区			
学习收获和问题记录			
学习收获	学习中所遇问题及解决办法		学习中未解决的问题

四、教学内容和步骤

（一）任务汇报

教师根据学生课前提交的任务情况，采用课堂活动的方式，请学生进行经验分享、问题讨论，然后教师点评指导学生解决所遇见的问题。

（二）教学内容

1. 翼型选择与绘制

翼型的选择包括机翼、副翼、水平尾翼和垂直尾翼，主要选择方式包括以下几种：
（1）使用教材提供的翼型几何坐标进行绘制，见表 5-2-2。

表 5-2-2 "蟋蟀"所使用的翼型的几何坐标

机翼翼型				副翼翼型			垂尾翼型		平尾翼型	
X_u	Y_u	X_l	Y_l	X	Y_l	Y_u	X	$\pm Y$	X	$\pm Y$
1.00	6.74	3.80	−6.09	2	−1.97	4.27	0	0	2	4.19
2.01	8.47	5.19	−7.38	4	−2.74	5.78	3.2	5.36	3	5.08
4.15	11.52	7.85	−9.38	8	−3.62	7.86	4.8	6.57	5	6.46
9.80	17.09	14.20	−12.92	12	−4.18	9.28	8.3	8.48	10	8.94
21.449	25.20	26.51	−17.75	16	−4.67	10.29	17.1	12.01	20	12.45
33.36	31.56	38.64	−21.39	24	−5.60	11.50	35.0	17.00	30	15.07
45.33	36.85	50.67	−24.44	32	−6.35	12.00	52.7	20.86	40	17.19
69.42	45.58	74.58	−29.43	40	−6.85	12.16	70.5	24.12	60	20.42
93.65	52.42	98.35	−33.31	48	−7.14	12.08	105.8	29.48	80	22.73
117.96	57.68	122.04	−36.20	64	−7.16	11.42	140.6	33.66	100	24.30
142.33	61.54	145.67	−38.21	80	−6.67	10.26	175.0	36.84	120	25.23
166.73	64.04	169.27	−39.31	96	−5.87	8.75	208.8	39.18	140	25.53
191.16	65.12	192.84	−39.41	112	−4.80	6.98	242.1	40.53	160	25.19
215.59	64.88	216.41	−38.60	128	−3.38	4.93	274.7	40.99	180	24.27
240.00	63.37	240.00	−36.89	144	−1.70	2.57	307.0	40.57	200	22.85
264.38	60.76	263.62	−34.48	157	−0.32	0.48	339.0	39.31	220	21.00
288.71	57.14	287.29	−31.43	165	−1.68	−0.88	371.0	37.34	240	18.81
312.98	52.51	311.02	−27.78				403.0	34.73	260	16.20
337.17	46.63	334.83	−23.30				434.0	31.48	280	13.10
361.24	39.24	358.76	−17.76						300	10.00
		382.84	−11.49						320	6.90
		407.03	−6.01						340	4.10
		431.31	−1.66						360	1.90
		470.00	2.73						380	0.50
480.00	0.50	480.00	−0.50						395	0.40

（2）使用 Profili 软件进行选用。

Profili 是一款翼型设计软件，软件界面如图 5-2-2 所示，具体使用方法请扫码观看视频。

"蟋蟀"所使用的翼型是经过优化的"WORTMANN FX 05-217"，我们所使用的翼型设计软件"Profili V2"里没有，但可以选用"WORTMANN FX 05-191"翼型，不过厚度偏小，性能有所差异；副翼翼型也是根据主翼进行优化的，翼型设计软件"Profili V2"里没有，可以近似选用"12A 9，00%"。

图 5-2-2　Profili 软件界面

（3）直接使用教材所提供的图纸。

　　扫描二维码进入在线课程，点击"'蟋蟀'翼型"，下载"蟋蟀无人机翼型"图纸文件，如图 5-2-3 所示。

"蟋蟀"无人机翼型	
翼型名称	翼型图片
机翼翼型"WORTMANN FX 05-217"	
副翼翼型"12A 9，00%"	
垂尾翼型"N631A012"翼尖	
垂尾翼型"N631A012"翼根	
平尾翼型	

图 5-2-3　"蟋蟀"无人机翼型

2．三视图准备

　　扫码进入在线课程，点击"图纸"下载三视图文件，如图 5-2-4 所示。

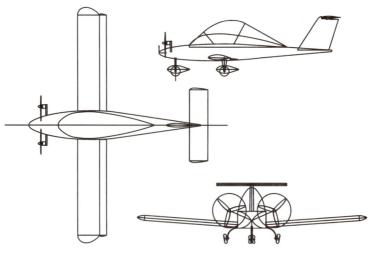

图 5-2-4　"蟋蟀"无人机三视图

3．Solid Works **软件准备**

打开 Solid Works 软件，新建一个零件空模板。

4．**整机建模**

1）左半机身建模

扫码进入在线课程，点击"教学视频"，观看建模过程和方法，进行左半机身的建模，如图 5-2-5 所示。

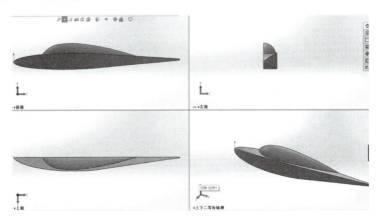

图 5-2-5　左半机身建模效果

2）左机翼和左副翼建模

扫码进入在线课程，点击"教学视频"，观看建模过程和方法，进行左机翼和左副翼的建模，如图 5-2-6 所示。

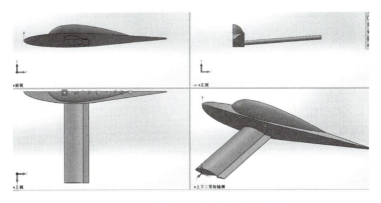

图 5-2-6　左机翼和左副翼建模效果

3）翼尖整流罩建模和整体镜像

扫码进入在线课程，点击"教学视频"，观看建模过程和方法，进行翼尖整流罩建模和整体镜像，如图 5-2-7 所示。

4）尾翼建模

扫码进入在线课程，点击"教学视频"，观看建模过程和方法，进行尾翼建模，如图 5-2-8 所示。

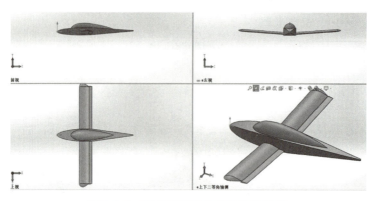

图 5-2-7　翼尖整流罩建模和整体镜像

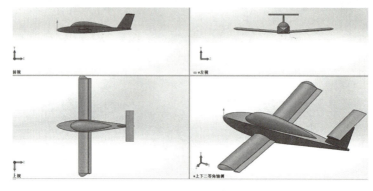

图 5-2-8　尾翼建模

5）专用涂装

　　扫码进入在线课程，点击"教学视频"，观看涂装过程和方法，自行设计涂装。要求内容积极向上、符合本机型特点、美观大方、不影响飞机性能，在不违背上述要求的前提下可自由发挥，但必须在座舱盖上"涂装"自己的姓名和学号，如图 5-2-9 所示。

图 5-2-9　个人姓名学号涂装

6）起落架建模

扫码进入在线课程，点击"建模视频 1"和"建模视频 2"，观看建模过程和方法，完成起落架和起落架整流罩的建模，如图 5-2-10 和图 5-2-11 所示。

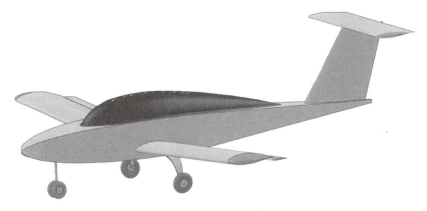

图 5-2-10　起落架建模

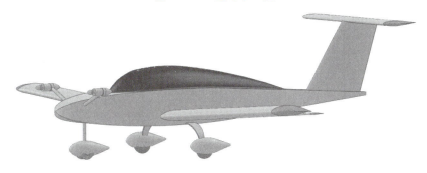

图 5-2-11　起落架整流罩建模

5．提交模型

按照老师要求，将自己的建模作业上交在线课程平台，建模效果如图 5-2-12 所示。

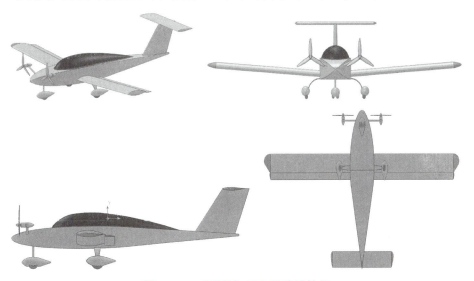

图 5-2-12　"蟋蟀"无人机建模效果

五、检查与评价

（一）无人机整机建模评价

全面评价学生的建模情况，评价要求见表 5-2-3。

表 5-2-3　蟋蟀整机建模评价记录

班级＿＿＿＿＿　学号＿＿＿＿＿＿　姓名＿＿＿＿＿＿　任课教师＿＿＿＿＿＿					
建模完整度检查					
序号	检查内容	技术要求	是否达标	分值	得分
1	机身	1 个，尺寸、形状与三视图吻合	□	10	
2	座舱	1 个，尺寸、形状与三视图吻合	□	10	
3	机翼、副翼	1 对，尺寸、形状、位置与三视图吻合	□	10	
4	垂直尾翼	1 个，尺寸、形状、位置与三视图吻合	□	10	
5	水平尾翼	1 个，尺寸、形状、位置与三视图吻合	□	10	
6	起落架	3 个，尺寸、形状、位置与三视图吻合	□	10	
7	翼尖整流罩	3 对，尺寸、形状与三视图吻合	□	10	
8	起落架整流罩（加分项）	3 个，尺寸、形状、位置与三视图吻合	□	5 分以内，加满为止	
9	动力组件（加分项）	1 对，尺寸、形状、位置与三视图吻合	□	5 分以内，加满为止	
涂装设计检查					
序号	检查内容	技术要求	是否达标	分值	得分
1	姓名学号	文字高度 60 mm，位置为座舱盖，浮雕，厚度为 0.1 mm	□	15 必备元素	
2	自行设计涂装	内容积极向上、符合本机型特点、美观大方，不影响飞机性能	□	15	
合计				100	

（二）其他评价

其他评价要求见表 5-2-4。

表 5-2-4　自我评价与教师评价记录

实训项目				姓名		学号	
序号	评估项目	分值	实训要求	自我评价	教师评价	得分	
1	任务完成情况	20	按三视图要求完成任务				
2	建模积极性	15	尽快完成任务并提交				
3	在线讨论	15	在线课程上积极发帖讨论				
4	课堂纪律	15	遵守纪律，设备未损坏				
5	课堂参与度	15	按要求全程参与教学过程				
6	出勤	10	不迟到、不早退、不旷课				
7	6S 管理	10	主动整理现场				
总计							

评价说明：得分＝教师评价－（"教师评价"与"自我评价"之差）

实训总结与反思：

任务三　CFD 仿真

一、教学目标和要求

（1）了解 CFD 仿真基本知识及应用领域。

（2）初步掌握用 Solid Works 软件进行 CFD 仿真的方法。

（3）掌握如何识读各种仿真结果。

（4）掌握无人机 CFD 仿真的方法。

二、任务描述

（1）课前根据任务书要求，进入在线课程，完成学习任务和任务测验。

（2）线上或者线下讨论解决课前遇到的问题，未能解决的问题进行认真总结记录，在课堂上与教师一起解决。

（3）课上完成整机 CFD 仿真验证任务，如图 5-3-1 所示。

（4）建议学时：2 学时。

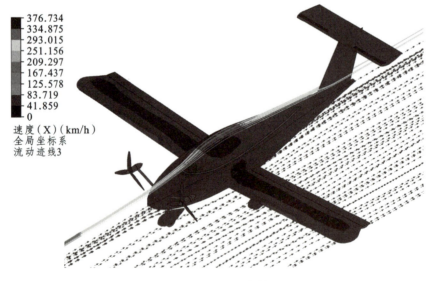

图 5-3-1　CFD 仿真效果

三、课前任务

根据任务书要求完成课前任务，见表 5-3-1。

表 5-3-1 "CFD 仿真"任务书

任务名称	CFD 仿真	班　级	
姓　名		学　号	
学习资料			

	扫左侧二维码 轻松浏览课程内容 ←	扫右侧二维码 参与互动并查阅详 细资料 →	

任务要求
1. 进入在线课程，进行课前预习，完成任务测试。 2. 点击页签"效果图"研读仿真效果图，初步了解 CFD 仿真。 3. 根据视频说明进行 CFD 仿真。 4. 将收获和遇到的问题填入下表。 5. 将填写完成的任务书拍照上传到在线课程的讨论区

学习收获和问题记录		
学习收获	学习中所遇问题及解决办法	学习中未解决的问题

四、教学内容和步骤

（一）任务汇报

教师根据学生课前提交的任务情况，采用课堂活动的方式，请学生进行经验分享、问题讨论，然后教师点评指导学生解决遇到的问题。

（二）教学内容

1．CFD 简介

CFD（Computational Fluid Dynamics，计算流体力学），是流体力学和计算机科学相互融合的一门新兴交叉学科。它从计算方法出发，利用计算机快速的计算能力得到流体控制方程的近似解。

CFD 软件是专门用来进行流场分析、流场计算、流场预测的软件。通过 CFD 软件，可以分析并且显示发生在流场中的现象，在比较短的时间内，能预测模拟对象性能，并通过改变各种参数，达到最佳设计效果。CFD 数值模拟，能使我们更加深刻地理解问题产生的机理，为实验提供指导，节省实验所需的人力、物力和时间，并对实验结果的整理和规律的得出起到很好的指导作用。

随着计算机技术迅猛发展，CFD 软件已广泛应用于航空航天、船舶、风力、水利等领域，为装备的复杂流体分析、性能参数评估以及产品气动设计与优化提供重要验证与决策手段。

Solid Works 软件带有一个 SolidWorks Flow Simulation 流体分析模块，可以仿真真实条件下的流体流动，运行"假设条件"情况，并快速分析浸润零部件或周围零部件上的流体流动、传热和相关作用力的影响。

2. "蟋蟀"无人机 CFD 仿真

本任务利用 SolidWorks 软件插件为"蟋蟀"无人机进行流体仿真分析，具体操作过程请扫码进入在线课程。点击"效果图"认真学习和查看仿真结果，点击"教学视频"，观看流体仿真分析过程和方法。将自己设计的"蟋蟀"无人机模型进行 CFD 仿真分析，看结果是否满足要求，分析效果如图 5-3-2 所示，还能生成完整报告，如图 5-3-3 所示。

3. 结果分享

（1）将"蟋蟀"的 CFD 仿真结果（包括切面图、表面图、流动轨迹等）截图分享在线课程讨论区。

（3）将本项目任务一完成的飞翼建模进行 CFD 仿真验证，将仿真结果（包括切面图、表面图、流动轨迹等）截图分享在线课程讨论区。

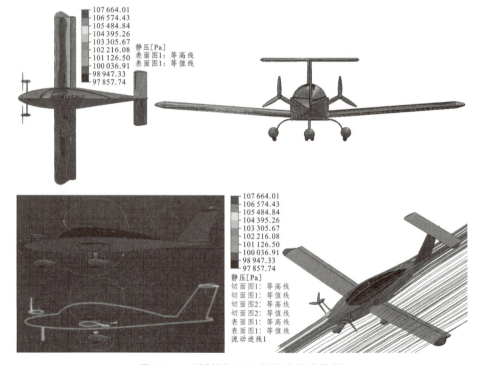

图 5-3-2 "蟋蟀"无人机气动仿真效果

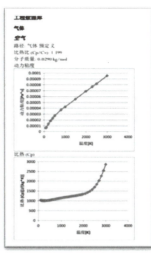

图 5-3-3　"蟋蟀"无人机气动仿真完整报告截图（部分）

五、检查与评价

全面评价学生的学习情况，评价要求见表 5-3-2。

表 5-3-2　CFD 仿真评价记录

学习内容				姓名		学号	
序号	评估项目	分值	学习要求	自我评价	教师评价	得分	
1	章节测验	20	学完相关视频后在线完成	将在线成绩×0.2 填在后面得分项里			
2	任务完成	20	完成并上交在线课程				
3	完成精度	20	仿真结果符合要求				
4	课堂纪律	10	遵守纪律				
5	课堂讨论	10	按要求全程参与互动讨论				
6	出勤	10	不迟到、不早退、不旷课				
7	6S 管理	10	主动整理现场				
总计							
评价说明：得分 = 教师评价 −（"教师评价"与"自我评价"之差）							
学习总结与反思：							

项目六 零件建模

任务一 机翼建模

一、教学目标和要求

（1）进一步掌握无人机机翼部件的建模方法。

（2）熟练掌握拉伸凸台实体建模的方法。

（3）熟练掌握拉伸切除实体建模的方法。

（4）熟练掌握放样凸台实体建模的方法。

（5）熟练掌握旋转凸台实体建模的方法。

（6）通过建模熟悉机翼的具体构造。

二、任务描述

（1）课前根据任务书要求，进入在线课程，完成学习任务和章节测验。

（2）根据已学习的建模方法，以图纸为标准，以建模效果图为参考，按照视频说明进行零件建模，机翼部件的建模效果如图 6-1-1 所示。

（3）线上或者线下讨论解决课前建模过程中遇到的问题，未能解决的问题进行认真总结记录，在课堂上与教师一起解决。

（4）建议学时：2 学时（课堂上解决具体问题，重复性操作在课余时间完成）。

图 6-1-1 机翼部件的建模效果

三、课前任务

根据任务书要求完成课前任务，见表 6-1-1。

表 6-1-1　机翼建模任务书

任务名称	机翼建模	班　级	
姓　名		学　号	
学习资料			
	扫左侧二维码 轻松浏览课程内容 	扫右侧二维码 参与互动并查阅详 细资料 	
任务要求			
1. 进入在线课程，分别点击页签"建模效果""建模图纸"，下载"机翼装配体"文件和"机翼工程图"文件做好课前准备，研读建模效果和图纸文件，结合"教学资料"，做好课前预习。 2. 以图纸为标准，以建模效果图为参考，根据视频说明进行机翼建模。 3. 将收获和遇到的问题填入下表。 4. 将填写完成的任务书拍照上传到在线课程的讨论区			
学习收获和问题记录			
学习收获	学习中所遇问题及解决办法		学习中未解决的问题

四、教学内容和步骤

（一）任务汇报

教师根据学生课前提交的任务情况，采用课堂活动的方式，让学生进行航模零件建模的问题反馈、经验分享，教师总结后统一对学生进行针对性授课。

（二）教学内容

1. 建模准备

机翼作为最重要的部件，建模精度直接影响升力大小，扫码进入在线课程，点击页签"建模效果""建模图纸",下载"机翼装配体"文件和"机翼工程图"文件,根据图纸和建模效果进行建模。建模方法前面的章节已经有详细介绍,机翼部件效果如图 6-1-1 所示,每个零件的详细情况请打开"机翼装配体"文件进行了解。

2．机翼零件建模

根据建模特点进行分类讲解,以供参考。

1）旋转凸台类零件

准备好机翼零件工程图和建模效果图,参考建模效果,根据工程图完成零件建模,建模方法包括旋转凸台和拉伸切除,建模零件详情见表 6-1-2。

表 6-1-2　机翼旋转凸台类零件详情

序号	零件名称	零件数量	材料	效果图
1	副翼转轴	3×2	铝合金	
2	T 形螺母（M6X10）	2×2	碳钢（外购）	

2）拉伸凸台类零件

准备好机翼零件工程图和建模效果图,参考建模效果,根据工程图完成零件建模,建模方法是拉伸凸台,建模零件详情见表 6-1-3。

表 6-1-3　机翼拉伸凸台类零件详情

序号	零件名称	零件数量	材料	效果图
1	副翼加强翼肋（带舵角）	1×2	椴木板	
2	副翼加强翼肋	2×2	椴木板	
3	副翼翼肋	20×2	KT 板	
4	副翼蒙皮	2×2	Epp 泡沫板	
5	机翼翼肋	14×2	KT 板	
6	机翼加强翼肋	3×2	椴木板	
7	机翼上蒙板	2×2	轻木板	
8	机翼下蒙板	2×2	Epp 板	
9	机翼纵墙	6×2	KT 板	

续表

序号	零件名称	零件数量	材料	效果图
10	机翼桁条	2×2	KT 板	
11	机翼蒙皮	4×2	Epp 泡沫板	
12	机翼垫片	2×2	KT 板	
13	机翼大梁	2×2	碳纤维	
14	副翼大梁	2×2	碳纤维	

3）放样凸台类零件

准备好机翼零件工程图和建模效果图，参考建模效果，根据工程图完成零件建模，建模方法是放样凸台，建模零件详情见表 6-1-4。

表 6-1-4　机翼放样凸台类零件详情

序号	零件名称	零件数量	材料	效果图
1	机翼翼尖整流罩	1×2 左右对称	PC	
2	副翼翼尖整流罩	1×2 左右对称	PC	

五、检查与评价

（一）机翼建模评价

机翼建模评价，全面评价学生的建模情况，评价要求见表 6-1-5。

表 6-1-5　机翼建模评价记录

班级＿＿＿＿＿＿＿＿＿学号＿＿＿＿＿＿＿＿＿姓名＿＿＿＿＿＿＿＿任课教师＿＿＿＿＿＿＿					
建模完整度检查					
序号	检查内容	技术要求	是否达标	分值	得分
1	机翼零件	18 个，尺寸、形状与图纸吻合	□	90	
2	材料匹配	按要求为零件配置正确的材料	□	6	
3	外观特征	按要求为零件配置颜色等特征	□	4	
合计				100	

（二）其他评价

其他评价要求见表 6-1-6。

表 6-1-6　自我评价与教师评价记录

实训项目				姓名		学号	
序号	评估项目	分值	实训要求	自我评价	教师评价	得分	
1	任务完成情况	20	按三视图要求完成任务				
2	建模积极性	15	尽快完成任务并提交				
3	在线讨论	15	在线课程上积极发帖讨论				
4	课堂纪律	15	遵守纪律,设备未损坏				
5	课堂参与度	15	按要求全程参与教学过程				
6	出勤	10	不迟到、不早退、不旷课				
7	6S 管理	10	主动整理现场				
总计							

评价说明:得分＝教师评价－("教师评价"与"自我评价"之差)

实训总结与反思:

任务二　机身建模

一、教学目标和要求

（1）进一步掌握无人机机身部件的建模方法。
（2）熟练掌握拉伸凸台实体建模的方法。
（3）熟练掌握拉伸切除实体建模的方法。
（4）熟练掌握放样凸台实体建模的方法。
（5）熟练掌握旋转凸台实体建模的方法。
（6）通过建模熟悉机身的具体构造。

二、任务描述

（1）课前根据任务书要求，进入在线课程，完成学习任务和任务测验。
（2）根据已学习的建模方法，以图纸为标准，以建模效果图为参考，按照视频说明进行零件建模，机身部件的建模效果如图 6-2-1 所示。
（3）线上或者线下讨论解决课前建模过程中遇到的问题，未能解决的问题进行认真总结记录，在课堂上与教师一起解决。
（4）建议学时：2 学时（课堂上解决具体问题，重复性操作在课余时间完成）。

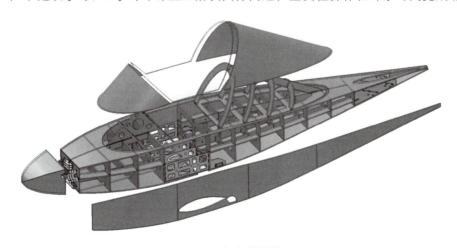

图 6-2-1　机身建模效果

三、课前任务

根据任务书要求完成课前任务，见表 6-2-1。

表 6-2-1 "机身建模"任务书

任务名称	机身建模		班　级	
姓　名			学　号	
学习资料				

	扫左侧二维码 轻松浏览课程内容	扫右侧二维码 参与互动并查阅详 细资料	

任务要求

1. 进入在线课程，分别点击页签"建模效果""建模图纸"，下载"机身装配体"文件和"机身工程图"文件做好课前准备，研读建模效果和图纸文件，结合"教学资料"，做好课前预习。

2. 以图纸为标准，以建模效果图为参考，根据视频说明进行机身建模。

3. 将收获和遇到的问题填入下表。

4. 将填写完成的任务书拍照上传到在线课程的讨论区

学习收获和问题记录

学习收获	学习中所遇问题及解决办法	学习中未解决的问题

四、教学内容和步骤

（一）任务汇报

教师根据学生课前提交的任务情况，采用课堂活动的方式，让学生进行机身零件建模的问题反馈、经验分享，教师总结后统一对学生进行针对性授课。

（二）教学内容

1. 建模准备

扫码进入在线课程，点击"图纸"页签，下载机身图纸，点击"建模效果"页签下载建模效果图。根据图纸尺寸，参考建模效果进行建模。由于机身较为复杂，零件数量较多，为了方便归类，根据零件所属分类建模。机身结构主要包括驾驶舱、中央翼盒、前机身和后机身及蒙皮等，机身部件效果如图 6-2-2 所示。

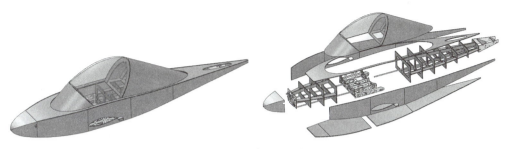

图 6-2-2　机身建模效果

2．驾驶舱零件建模

准备好机身零件工程图和机身建模效果图，也可以专门下载驾驶舱建模效果图或者隐藏机身的其他部分，只显示驾驶舱部分。驾驶舱建模效果如图 6-2-3 所示。参考建模效果，根据工程图完成零件建模，建模方法包括拉伸凸台、拉伸切除、放样凸台等，建模零件详情见表 6-2-2。

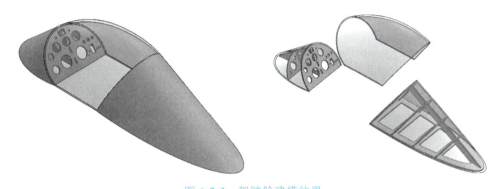

图 6-2-3　驾驶舱建模效果

表 6-2-2　驾驶舱零件详情

序号	零件名称	零件数量	材料	效果图
1	前风挡	1	KT 板	
2	仪表板支座	1	KT 板	
3	前风挡内衬	1	KT 板	
4	仪表板	1	KT 板	
5	风挡玻璃	1	KT 板	

续表

序号	零件名称	零件数量	材料	效果图
6	后风挡	1	KT 板	
7	后风挡加强肋 1	1	KT 板	
8	后风挡加强肋 2	1	KT 板	
9	后风挡加强肋 3	1	KT 板	
10	后风挡加强肋 4	1	KT 板	
11	后风挡桁条	1	KT 板	
12	后风挡隔框	1	KT 板	

3．后机身骨架零件建模

准备好机身零件工程图和机身建模效果图，也可以专门下载后机身骨架建模效果图或者隐藏机身的其他部分，只显示后机身骨架部分，后机身骨架建模效果如图 6-2-4 所示，参考建模效果，根据工程图完成零件建模，建模方法包括拉伸凸台、拉伸切除等，建模零件详情见表 6-2-3。

图 6-2-4　后机身骨架建模效果

表 6-2-3　后机身骨架零件详情

序号	零件名称	零件数量	材料	效果图
1	后机身桁条（侧）	2	KT 板	
2	后机身桁条（上）	1	KT 板	
3	后机身桁条（下）	2	KT 板	
4	机身隔框 4	1	KT 板	
5	机身隔框 5	1	KT 板	
6	机身隔框 6	1	KT 板	
7	机身隔框 7	1	KT 板	
8	机身隔框 8	1	KT 板	
9	机身隔框 9	1	KT 板	
10	机身隔框 10	1	KT 板	
11	垂尾安装板 1	2	椴木板	
12	垂尾安装板 2	2	椴木板	
13	尾翼加强板	2	椴木板	
14	后机身大梁	1	碳纤维	

4．前机身骨架零件建模

准备好机身零件工程图和机身建模效果图，也可以专门下载前机身骨架建模效果图或者隐藏机身的其他部分，只显示前机身骨架部分，前机身骨架建模效果如图 6-2-5 所示。参考建模效果，根据工程图完成零件建模，建模方法包括拉伸凸台、拉伸切除等，建模零件详情见表 6-2-4。

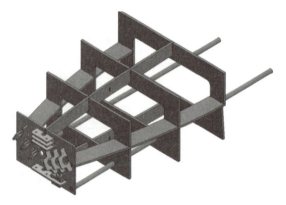

图 6-2-5　前机身骨架建模效果

表 6-2-4　前机身骨架零件详情

序号	零件名称	零件数量	材料	效果图
1	前机身桁条（侧）	2	KT 板	
2	前机身桁条（上）	1	KT 板	
3	前机身桁条（下）	1	KT 板	
4	机身隔框 1	1	KT 板	
5	机身隔框 2	1	KT 板	
6	机身隔框 3	1	KT 板	
7	机身大梁	2	碳纤维	

续表

序号	零件名称	零件数量	材料	效果图
8	发动机安装板	1	椴木板	
9	起落架安装座 1	1	椴木板	
10	起落架安装座 2	3	椴木板	
11	发动机安装座	6	椴木板	
12	舵机	1		

5．中央翼盒零件建模

准备好机身零件工程图和机身建模效果图，也可以专门下载中央翼盒建模效果图或者隐藏机身的其他部分，只显示中央翼盒部分，中央翼盒建模效果如图 6-2-6 所示。参考建模效果，根据工程图完成零件建模，建模方法包括拉伸凸台、拉伸切除等，建模零件详情见表 6-2-5。

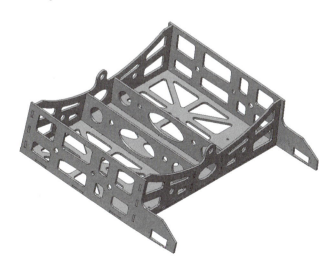

图 6-2-6　中央翼盒建模效果

表 6-2-5　中央翼盒零件详情

序号	零件名称	零件数量	材料	效果图
1	机翼安装板	2	椴木板	
2	翼盒立板	2	椴木板	
3	翼盒内衬	2	椴木板	
4	主起落架安装板	1	椴木板	

6. 机身其他零件建模

前面四部分是机身的主要部分，完成前面的建模任务之后，对于机身建模来说就只剩下蒙皮、机头整流罩等零件，这些零件的建模效果如图 6-2-7 所示。参考建模效果，根据工程图完成零件建模，建模方法包括拉伸凸台、拉伸切除等，建模零件详情见表 6-2-6。

图 6-2-7　机身其他零件建模效果

表 6-2-6　机身其他零件详情

序号	零件名称	零件数量	材料	效果图
1	机身上蒙皮	1	KT 板	

续表

序号	零件名称	零件数量	材料	效果图
2	机身下蒙皮	1	KT板	
3	机身左蒙皮	1×2 左右对称	KT板	
4	机头整流罩	1	KT板	

五、检查与评价

（一）机身建模评价

全面评价学生的建模情况，评价要求见表6-2-7。

表6-2-7　机身建模评价记录

序号	检查内容	技术要求	是否达标	分值	得分
班级＿＿＿＿＿＿＿＿＿＿＿学号＿＿＿＿＿＿＿＿＿姓名＿＿＿＿＿＿＿＿＿任课教师＿＿＿＿＿＿＿＿＿						
建模完整度检查						
1	机身零件	46个，尺寸、形状与图纸吻合	□	92	
2	材料匹配	按要求为零件配置正确的材料	□	6	
3	外观特征	按要求为零件配置颜色等特征	□	2	
合计				100	

（二）其他评价

其他评价要求见表6-2-8。

表6-2-8　自我评价与教师评价记录

序号	评估项目	分值	实训要求	自我评价	教师评价	得分
实训项目				姓名		学号	
1	任务完成情况	20	按图纸要求完成任务			
2	建模积极性	15	尽快完成任务并提交			
3	在线讨论	15	在线课程上积极发帖讨论			
4	课堂纪律	15	遵守纪律，设备未损坏			

续表

序号	评估项目	分值	实训要求	自我评价	教师评价	得分
5	课堂参与度	15	按要求全程参与教学过程			
6	出勤	10	不迟到、不早退、不旷课			
7	6S 管理	10	主动整理现场			
总计						
评价说明：得分＝教师评价－（"教师评价"与"自我评价"之差）						
实训总结与反思：						

任务三　尾翼建模

一、教学目标和要求

（1）进一步掌握整个部件的建模方法。

（2）掌握实体抽壳建模的方法。

（3）掌握样条曲线工具的使用。

（4）通过建模熟悉尾翼内部的结构。

（5）通过建模熟悉 T 形尾翼的特点。

（6）通过建模熟悉全动尾翼的特点。

二、任务描述

（1）课前根据任务书要求，进入在线课程，完成学习任务和任务测验。

（2）根据已学习的建模方法，以图纸为标准，以建模效果图为参考，按照视频说明进行零件建模。尾翼部件的建模效果如图 6-3-1 所示。

（3）课前建模过程中遇见的问题进行线上或者线下讨论解决，未能解决的问题进行认真总结记录，在课堂上与教师一起解决。

（4）建议学时：2 学时（课堂上解决具体问题，重复性操作在课余时间完成）。

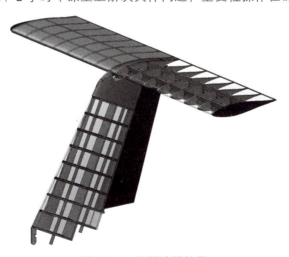

图 6-3-1　尾翼建模效果

三、课前任务

请根据任务书要求完成课前任务，见表 6-3-1。

表 6-3-1 "尾翼建模"任务书

任务名称	尾翼建模	班　级	
姓　名		学　号	
学习资料			

	扫左侧二维码 轻松浏览课程内容 ⬅	扫右侧二维码 参与互动并查阅详 细资料 ➡	

任务要求

1. 进入在线课程,分别点击页签"建模效果""建模图纸",下载"垂直尾翼装配体"文件、"水平尾翼装配体"和"尾翼工程图"文件做好课前准备,研读建模效果和图纸文件,结合"教学资料",做好课前预习。

2. 以图纸为标准,以建模效果图为参考,根据视频说明进行尾翼建模。

3. 将收获和遇到的问题填入下表。

4. 将填写完成的任务书拍照上传到在线课程的讨论区

学习收获和问题记录

学习收获	学习中所遇问题及解决办法	学习中未解决的问题

四、教学内容和步骤

(一)任务汇报

教师根据学生课前提交的任务情况,采用课堂活动的方式,让学生进行尾翼零件建模的问题反馈、经验分享,教师总结后统一对学生进行针对性授课。

(二)教学内容

1. 建模准备

尾翼包括垂直尾翼和水平尾翼,本机采用全动平尾设计,所以水平尾翼只有一个部件。垂直尾翼分为垂直安定面和方向舵,下面按照水平尾翼和垂直尾翼进行分类建模。扫码进入在线课程,点击"图纸"页签,下载尾翼的零部件图纸,点击"建模效果"页签下载建模效果,根据图纸和建模效果进行建模,尾翼效果如图 6-3-2 所示。

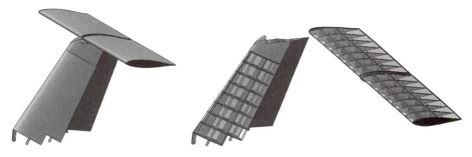

图 6-3-2　尾翼建模效果

2．垂直尾翼零件

　　本机采用 T 形尾翼布局，参考垂直尾翼需要具备较高的刚度和强度，因此的采用椴木板作为零件材料。垂直尾翼工程图和垂直尾翼建模效果图（见图 6-3-3），根据工程图完成零件建模，建模方法包括拉伸凸台、拉伸切除和放样凸台等，建模零件详情见表 6-3-2。

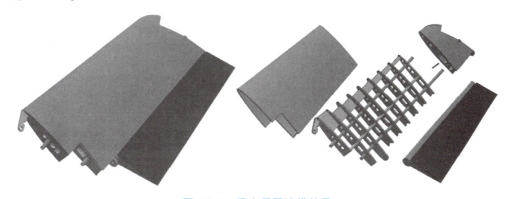

图 6-3-3　垂直尾翼建模效果

表 6-3-2　垂直尾翼零件详情

序号	零件名称	零件数量	材料	效果图
1	垂尾翼尖	1	PC	
2	垂尾蒙皮	1	Epp 泡沫板	
3	方向舵	1	PC	
4	垂尾翼梁	2	碳纤维	
5	垂尾前墙	1	椴木	

序号	零件名称	零件数量	材料	效果图
6	垂尾纵墙	1	椴木	
7	垂尾翼肋 4	1	椴木	
8	垂尾翼肋 5	1	KT 板	
9	垂尾翼肋 6	1	KT 板	
10	垂尾翼肋 7	1	KT 板	
11	垂尾翼肋 8	1	KT 板	
12	垂尾翼肋 9	1	KT 板	
13	垂尾翼肋 10	1	椴木	
14	垂尾翼肋 11	1	椴木	
15	垂尾翼肋 12	1	椴木	

3．水平尾翼零件

参考水平尾翼工程图和水平尾翼建模效果图（见图 6-3-4）完成零件建模。建模方法包括拉伸凸台、拉伸切除和放样凸台等，建模零件详情见表 6-3-3。

图 6-3-4　水平尾翼建模效果

表 6-3-3　水平尾翼零件详情

序号	零件名称	零件数量	材料	效果图
1	水平尾翼蒙皮	1×2	Epp 泡沫板	
2	水平尾翼整流罩	2	PC	
3	水平尾翼翼肋	8×2	椴木板	
4	水平尾翼桁条	4×2	椴木板	
5	水平尾翼加强翼肋	1×2	椴木板	
6	水平尾翼垫片	1×2	KT 板	
7	水平尾翼翼梁	3	碳纤维	

五、检查与评价

（一）尾翼建模评价

全面评价学生的建模情况，评价要求见表 6-3-4。

表 6-3-4　尾翼建模评价记录

班级＿＿＿＿＿＿＿　学号＿＿＿＿＿＿＿　姓名＿＿＿＿＿＿＿　任课教师＿＿＿＿＿＿＿					
建模完整度检查					
序号	检查内容	技术要求	是否达标	分值	得分
1	尾翼零件	22 个，尺寸、形状与图纸吻合	□	88	
2	材料匹配	按要求为零件配置正确的材料	□	8	
3	外观特征	按要求为零件配置颜色等特征	□	4	
合计				100	

（二）其他评价

其他评价要求见表 6-3-5。

表 6-3-5　自我评价与教师评价记录

实训项目					姓名		学号	
序号	评估项目	分值	实训要求		自我评价	教师评价		得分
1	任务完成情况	20	按图纸要求完成任务					
2	建模积极性	15	尽快完成任务并提交					
3	在线讨论	15	在线课程上积极发帖讨论					
4	课堂纪律	15	遵守纪律，设备未损坏					
5	课堂参与度	15	按要求全程参与教学过程					
6	考勤	10	不迟到、不早退、不旷课					
7	现场卫生	10	主动整理现场					
总计								
评价说明：得分＝教师评价－（"教师评价"与"自我评价"之差）								
实训总结与反思：								

任务四　起落架建模

一、教学目标和要求

（1）熟悉样条曲线工具的使用。

（2）通过建模熟悉起落架的结构。

（4）通过建模了解前三点式起落架的特点。

二、任务描述

（1）课前根据任务书要求，进入在线课程，完成学习任务和任务测验。

（2）根据已学习的建模方法，以图纸为标准，以建模效果图为参考，按照视频说明进行零件建模，起落架部件的建模效果如图 6-4-1 所示。

（3）线上或者线下讨论解决课前建模过程中遇到的问题，未能解决的问题进行认真总结记录，在课堂上与教师一起解决。

（4）建议学时：1 学时（课堂上解决具体问题，重复性操作在课余时间完成）。

图 6-4-1　起落架建模效果

三、课前任务

根据任务书要求完成课前任务，见表 6-4-1。

表 6-4-1 "起落架建模"任务书

任务名称	起落架建模	班　级	
姓　名		学　号	
学习资料			
	扫左侧二维码 轻松浏览课程内容 ←	扫右侧二维码 参与互动并查阅详 细资料 →	
任务要求			
1. 进入在线课程，分别点击页签"建模效果""建模图纸"，下载"起落架装配体"文件和 "起落架工程图"文件做好课前准备，研读建模效果和图纸文件，结合"教学资料"，做好课前 预习。 2. 以图纸为标准，以建模效果图为参考，根据视频说明进行起落架建模。 3. 将收获和遇到的问题填入下表。 4. 将填写完成的任务书拍照上传到在线课程的讨论区			
学习收获和问题记录			
学习收获	学习中所遇问题及解决办法		学习中未解决的问题

四、教学内容和步骤

（一）任务汇报

教师根据学生课前提交的任务情况，采用课堂活动的方式，让学生进行起落架零件建模的问题反馈、经验分享，教师总结后统一对学生进行针对性授课。

（二）教学内容

1. 建模准备

本机采用前三点式起落架设计，包括前起落架和主起落架，下面按照前起落架和主起落架的分类方式进行分类建模。扫码进入在线课程，点击"图纸"页签，下载起落架的零部件图纸，点击"建模效果"页签下载建模效果，根据图纸和建模效果进行建模，起落架效果如图 6-4-1 所示。

2. 前起落架零件建模

准备好前起落架工程图和前起落架建模效果图，前起落架建模效果如图 6-4-2 所示。参考建模效果，根据工程图完成零件建模，建模方法包括拉伸凸台、拉伸切除和旋转凸台等，建模零件详情见表 6-4-2。

图 6-4-2　前起落架建模效果

表 6-4-2　前起落架零件详情

序号	零件名称	零件数量	材料	效果图
1	前轮	2	泡沫轮	
2	前轮轴	1	碳纤维	
3	前起落架立柱	1	碳纤维	
4	前起落架转向摇臂	1	椴木板	

3．主起落架零件建模

准备好主起落架工程图和主起落架建模效果图，主起落架建模效果如图 6-4-3 所示，参考建模效果，根据工程图完成零件建模，建模方法包括拉伸凸台、拉伸切除和旋转凸台等，建模零件详情见表 6-4-3。

图 6-4-3　主起落架建模效果

表 6-4-3　主起落架零件详情

序号	零件名称	零件数量	材料	效果图
1	主起落架	1	碳纤维	
2	主机轮	2	泡沫轮	

五、检查与评价

（一）起落架建模评价

全面评价学生的建模情况，评价要求见表 6-4-4。

表 6-4-4　起落架建模评价记录

班级_____学号_____姓名_____任课教师_____					
建模完整度检查					
序号	检查内容	技术要求	是否达标	分值	得分
1	起落架零件	6 个，尺寸、形状与图纸吻合	□	90	
2	材料匹配	按要求为零件配置正确的材料	□	6	
3	外观特征	按要求为零件配置颜色等特征	□	4	
合计				100	

（二）其他评价

其他评价要求见表 6-4-5。

表 6-4-5　自我评价与教师评价记录

实训项目				姓名		学号	
序号	评估项目	分值	实训要求	自我评价	教师评价	得分	
1	任务完成情况	20	按图纸要求完成任务				
2	建模积极性	15	尽快完成任务并提交				
3	在线讨论	15	在线课程上积极发帖讨论				
4	课堂纪律	15	遵守纪律，设备未损坏				
5	课堂参与度	15	按要求全程参与教学过程				
6	出勤	10	不迟到、不早退、不旷课				
7	6S 管理	10	主动整理现场				
总计							
评价说明：得分＝教师评价－（"教师评价"与"自我评价"之差）							
实训总结与反思：							

任务五　动力系统建模

一、教学目标和要求

（1）掌握标准件的建模方法。
（2）掌握阵列建模的方法。
（3）熟练掌握放样凸台实体建模的方法。
（4）通过建模熟悉动力系统构造。

二、任务描述

（1）课前根据任务书要求，进入在线课程，完成学习任务和任务测验。

（2）根据前面所学习的建模方法，以图纸为标准，以建模效果图为参考，根据视频说明进行零件建模，动力系统的建模效果见图6-5-1。

（3）线上或者线下讨论解决课前建模过程中遇到的问题，未能解决的问题进行认真总结记录，在课堂上与教师一起解决。

（4）建议学时：1学时（课堂上解决具体问题，重复性操作在课余时间完成）。

图6-5-1　动力系统建模效果

三、课前任务

根据任务书要求完成课前任务，见表 6-5-1。

表 6-5-1　动力系统建模任务书

任务名称	动力系统建模	班　级	
姓　名		学　号	
学习资料			

	扫左侧二维码 轻松浏览课程内容 ←	扫右侧二维码 参与互动并查阅详 细资料 →	

任务要求
1. 进入在线课程，分别点击页签"建模效果""建模图纸"，下载"动力系统装配体"文件和"动力系统工程图"文件做好课前准备，研读建模效果和图纸文件，结合"教学资料"，做好课前预习。 2. 以图纸为标准，以建模效果图为参考，根据视频说明进行动力系统建模。 3. 将收获和遇到的问题填入下表。 4. 将填写完成的任务书拍照上传到在线课程的讨论区

学习收获和问题记录		
学习收获	学习中所遇问题及解决办法	学习中未解决的问题

四、教学内容和步骤

（一）任务汇报

教师根据学生课前提交的任务情况，采用课堂活动的方式，让学生进行动力系统建模的问题反馈、经验分享，教师总结后统一对学生进行针对性授课。

（二）教学内容

本机采用前拉式双发设计，扫码进入在线课程，点击"图纸"页签，下载动力系统的零部件图纸，点击"建模效果"页签下载建模效果，动力系统效果如图 6-5-1 所示。参考建模效果，根据工程图完成零件建模，建模方法包括拉伸凸台、拉伸切除和旋转凸台等，建模零件详情见表 6-5-2。

表 6-5-2　动力系统零件详情

序号	零件名称	零件数量	材料	效果图
1	发动机	1	45 钢	
2	发动机安装轴	1	碳纤维	
3	发动机座紧固件	2×4	椴木板	
4	发动机座	2	椴木板	
5	发动机紧固螺栓	4	45 钢	

五、检查与评价

（一）动力系统建模评价

全面评价学生的建模情况，评价要求见表 6-5-3。

表 6-5-3　动力系统建模评价记录

班级＿＿＿＿＿＿	学号＿＿＿＿＿＿	姓名＿＿＿＿＿＿	任课教师＿＿＿＿＿＿		
		建模完整度检查			
序号	检查内容	技术要求	是否达标	分值	得分
1	动力系统零件	5 个，尺寸、形状与图纸吻合	□	90	
2	材料匹配	按要求为零件配置正确的材料	□	6	
3	外观特征	按要求为零件配置颜色等特征	□	4	
	合计			100	

（二）其他评价

其他评价要求见表 6-5-4。

表 6-5-4　自我评价与教师评价记录

实训项目				姓名		学号	
序号	评估项目	分值	实训要求	自我评价	教师评价	得分	
1	任务完成情况	20	按三视图要求完成任务				
2	建模积极性	15	尽快完成任务并提交				
3	在线讨论	15	在线课程上积极发帖讨论				
4	课堂纪律	15	遵守纪律，设备未损坏				
5	课堂参与度	15	按要求全程参与教学过程				
6	出勤	10	不迟到、不早退、不旷课				
7	6S 管理	10	主动整理现场				
总 计							

评价说明：得分＝教师评价－（"教师评价"与"自我评价"之差）

实训总结与反思：

项目七　虚拟装配

任务一　部件虚拟装配

一、教学目标和要求

（1）熟练掌握固定翼无人机结构知识。
（2）深刻理解无人机虚拟装配的基本知识。
（3）掌握用软件进行虚拟组装的流程和方法。
（4）培养查找资料、整合资源的信息素养。
（5）通过虚拟装配熟练掌握无人机结构，为无人机制作奠定基础。

二、任务描述

（1）课前根据任务书要求，进入在线课程，完成学习任务和任务测验。
（2）根据已学习的装配方法，以图纸为标准，以建模效果图为参考，按照视频说明进行部件虚拟装配，所有部件装配效果如图 7-1-1 所示。
（3）将每一个零件和装配好的部件保存好，为"任务二虚拟总装"做好准备。
（4）线上或者线下讨论解决课前建模过程中遇到的问题，未能解决的问题进行认真总结记录，在课堂上与教师一起解决。
（5）建议学时：2 学时（课堂上解决具体问题，重复性操作在课余时间完成）。

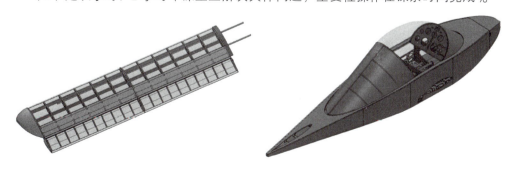

图 7-1-1 "蟋蟀"无人机部件装配体

三、课前任务

根据任务书要求完成课前任务，见表 7-1-1。

表 7-1-1 部件虚拟装配任务书

任务名称	部件虚拟装配	班 级	
姓 名		学 号	
学习资料			
	扫左侧二维码 轻松浏览课程内容 ←	扫右侧二维码 参与互动并查阅详细资料 →	
任务要求			
1. 进入在线课程，分别点击页签"机翼装配""机身装配"等，下载装配体文件做好课前准备，研读装配体文件，结合教学资料做好课前预习。 2. 以装配体文件为参考，根据各个零件的位置关系进行虚拟装配练习模。 3. 将收获和遇到的问题填入下表。 4. 将填写完成的任务书拍照上传到在线课程的讨论区			
学习收获和问题记录			
学习收获	学习中所遇问题及解决办法		学习中未解决的问题

四、教学内容和步骤

(一)任务汇报

教师根据学生课前提交的任务情况，采用课堂活动的方式，让学生进行部件虚拟装配的问题反馈、经验分享，教师总结后统一对学生进行针对性授课。

(二)教学内容

1.机翼虚拟装配

扫描二维码进入在线课程，点击"机翼装配"页签，下载"机翼装配体"文件，仔细查阅每个零件的位置和零件之间的相互关系。

装配方法在航模的虚拟装配已经学过，建模文件可以使用您在"项目六零件建模"学习时建模的文件，也可以点击下载在线课程的"机翼零件"和"副翼零件"文件，用于机翼虚拟装配。装配对称的两个机翼（左机翼和右机翼），效果如图7-1-2所示。

将装配好的机翼和装配经验分享到在线课程讨论区。

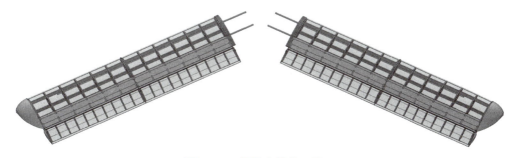

图 7-1-2　机翼虚拟装配效果

2.机身虚拟装配

扫描二维码进入在线课程，点击"机身装配"页签，下载"机身装配体"文件，仔细查阅每个零件的位置和零件之间的相互关系。

建模文件可以使用您在"项目六零件建模"学习时建模的文件，也可以点击下载在线课程的"机身零件"文件，包括"后机身骨架""机身蒙皮等""前机身骨架""中央翼盒"和"驾驶舱"，用于机身虚拟装配。机身虚拟装置的效果如图7-1-3所示。

将装配好的机身和装配经验分享到在线课程讨论区。

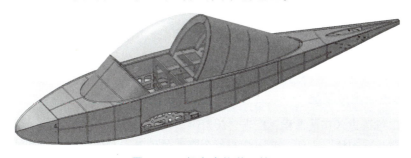

图 7-1-3　机身虚拟装配效果

3．尾翼虚拟装配

扫描二维码进入在线课程，点击"尾翼装配"页签，下载"平尾装配体"和"垂尾装配体"文件，仔细查阅每个零件的位置和零件之间的相互关系。

建模文件可以使用您在"项目六零件建模"学习时建模的文件，也可以点击下载在线课程的"尾翼零件"文件，用于尾翼虚拟装配。尾翼虚拟装配的效果如图 7-1-4 所示。

将装配好的尾翼和装配经验分享到在线课程讨论区。

图 7-1-4　尾翼虚拟装配效果

4．动力系统虚拟装配

扫描二维码进入在线课程，点击"动力系统装配"页签，下载"动力系统装配体"文件，仔细查阅每个零件的位置和零件之间的相互关系。

建模文件可以使用您在"项目六零件建模"学习时建模的文件，也可以点击下载在线课程的"动力系统零件"文件，用于动力系统虚拟装配。动力系统虚拟装配的效果如图 7-1-5 所示。

将装配好的动力系统和装配经验分享到在线课程讨论区。

图 7-1-5　动力系统虚拟装配效果

5．起落架虚拟装配

扫描二维码进入在线课程，点击"起落架装配"页签，下载"前起落架装配体"和"主起落架装配体"文件，仔细查阅每个零件的位置和零件之间的相互关系。

建模文件可以使用您在"项目六零件建模"学习时建模的文件，也可以点击下载在线课程的"起落架零件"文件，用于起落架虚拟装配。起落架虚拟装置的效果如图 7-1-6 所示。

将装配好的起落架和装配经验分享到在线课程讨论区。

图 7-1-6　起落架虚拟装配效果

五、检查与评价

（一）部件虚拟装配评价

全面评价学生的虚拟装配情况，评价要求见表 7-1-2。

表 7-1-2　部件虚拟装配评价记录

班级＿＿＿＿＿＿　学号＿＿＿＿＿＿　姓名＿＿＿＿＿＿　任课教师＿＿＿＿＿＿

装配体完整度检查					
序号	检查内容	技术要求	是否达标	分值	得分
1	机翼装配	零件数量齐全，位置准确，约束正确	□	16	
2	机身装配	零件数量齐全，位置准确，约束正确	□	16	
3	尾翼装配	零件数量齐全，位置准确，约束正确	□	16	
4	动力系统装配	零件数量齐全，位置准确，约束正确	□	16	
5	起落架装配	零件数量齐全，位置准确，约束正确	□	16	
6	配合检查	无重复定位、没有无效约束	□	10	
7	干涉检查	无干涉或者干涉部位不影响装配功能	□	10	
合计				100	

（二）其他评价

其他评价要求见表 7-1-3。

表 7-1-3　自我评价与教师评价记录

实训项目				姓名		学号	
序号	评估项目	分值	实训要求	自我评价	教师评价	得分	
1	任务完成情况	20	按虚拟装配要求完成任务				
2	任务完成积极性	15	尽快完成任务并提交				
3	在线讨论	15	在线课程上积极发帖讨论				

续表

序号	评估项目	分值	实训要求	自我评价	教师评价	得分
4	课堂纪律	15	遵守纪律，设备未损坏			
5	课堂参与度	15	按要求全程参与教学过程			
6	出勤	10	不迟到、不早退、不旷课			
7	6S 管理	10	主动整理现场			
总 计						

评价说明：得分＝教师评价－（"教师评价"与"自我评价"之差）

实训总结与反思：

任务二　虚拟总装

一、教学目标和要求

（1）熟练掌握固定翼无人机结构知识。
（2）深刻理解无人机虚拟装配的基本知识。
（3）掌握用软件进行虚拟组装的流程和方法。
（4）培养查找资料、整合资源的信息素养。
（5）通过虚拟装配熟练掌握无人机结构，为无人机总装调试奠定基础。

二、任务描述

（1）课前根据任务书要求，进入在线课程，完成学习任务和任务测验。
（2）准备好上一个任务装配好的各个部件以及所有的零件。
（3）根据已学习的装配方法，以图纸为标准，以建模效果图为参考，按照视频说明进行虚拟总装，装配效果如图 7-2-1 所示。
（4）线上或者线下讨论解决课前建模过程中遇到的问题，未能解决的问题进行认真总结记录，在课堂上与教师一起解决。
（5）建议学时：2 学时（课堂上解决具体问题，重复性操作在课余时间完成）。

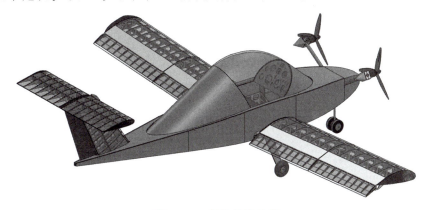

图 7-2-1　虚拟总装效果

三、课前任务

根据任务书要求完成课前任务，见表 7-2-1。

表 7-2-1 "虚拟总装"任务书

任务名称	虚拟总装	班　级	
姓　名		学　号	

学习资料

	扫左侧二维码 轻松浏览课程内容 ←	扫右侧二维码 参与互动并查阅详细资料 →	

任务要求

1. 进入在线课程，分别点击页签"装配效果""装配图纸"等，下载装配体文件和图纸做好课前准备，研读装配体文件，结合教学资料做好课前预习。

2. 准备好上一个任务装配好的各个部件以及所有的零件。

3. 以装配体文件为参考，根据各个零件的位置关系进行虚拟总装练习。

4. 将收获和遇到的问题填入下表。

5. 将填写完成的任务书拍照上传到在线课程的讨论区

学习收获和问题记录

学习收获	学习中所遇问题及解决办法	学习中未解决的问题

四、教学内容和步骤

（一）任务汇报

教师根据学生课前提交的任务情况，采用课堂活动的方式，让学生进行虚拟总装的问题反馈、经验分享，教师总结后统一对学生进行针对性授课。

（二）教学内容

1. 虚拟总装准备

扫描二维码进入在线课程，分别点击"装配效果"和"装配图纸"页签，下载文件，仔细查阅每个零部件的位置和零部件之间的相互关系，做好装配准备。

准备好上一个任务装配好的各个部件以及所有的零件，如图 7-2-2 所示。

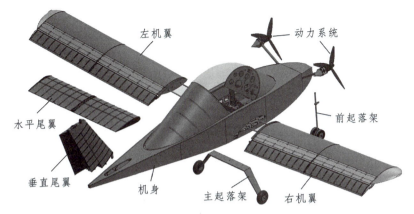

左机翼　　动力系统

水平尾翼　　前起落架

垂直尾翼　　机身　　主起落架　　右机翼

图 7-2-2　为虚拟总装准备好的部件

2．虚拟总装

以装配体文件为参考，认真查阅各个零部件之间的关系，完成"蟋蟀"的虚拟总装，效果如图 7-2-1 所示。将总装的效果图以及总装经验分享到在线课程的讨论区。

五、检查与评价

（一）虚拟总装评价

全面评价学生的虚拟装配情况，评价要求见表 7-2-2。

表 7-2-2　虚拟总装评价记录

班级＿＿＿＿＿＿学号＿＿＿＿＿＿姓名＿＿＿＿＿＿任课教师＿＿＿＿＿＿					
装配体完整度检查					
序号	检查内容	技术要求	是否达标	分值	得分
1	总装质量	零部件数量齐全，位置准确，约束正确	□	20	
2	配合限制	舵面可以偏转，发动机和机轮可以旋转，其他零部件都配合固定	□	15	
3	尾翼舵面	升降舵、方向舵可自由偏转	□	20	
4	副翼差动	给一个副翼输入偏转指令，另一个反向偏转	□	25	
5	干涉检查	无干涉或者干涉部位不影响装配功能	□	20	
合计				100	

（二）其他评价

其他评价要求见表 7-2-3。

114

表 7-2-3　自我评价与教师评价记录

实训项目				姓名		学号	
序号	评估项目	分值	实训要求	自我评价	教师评价	得分	
1	任务完成情况	20	按装配图要求完成任务				
2	任务完成积极性	15	尽快完成任务并提交				
3	在线讨论	15	在线课程上积极发帖讨论				
4	课堂纪律	15	遵守纪律，设备未损坏				
5	课堂参与度	15	按要求全程参与教学过程				
6	出勤	10	不迟到、不早退、不旷课				
7	6S 管理	10	主动整理现场				
总计							

评价说明：得分＝教师评价－（"教师评价"与"自我评价"之差）

实训总结与反思：

项目八　加工制作

任务一　零件激光加工

一、教学目标和要求

（1）熟悉激光切割机软件的使用方法。

（2）掌握工程图格式与激光切割机可识别格式之间的转换方法。

（3）掌握不同材料的加工功率与速度参数的设置方法。

（4）掌握激光切割机的操作技能。

（5）掌握激光切割机安全使用规范与流程。

二、任务描述

（1）情境一有过详细的介绍，这不再赘述，请参考情境一项目三进行操作。

（2）根据要求进行零件加工，如图 8-1-1 所示。

（3）加工过程中的关键步骤可以拍照上传到在线课程的讨论区。

（4）建议学时：2 学时（课堂内完成任务安排，剩下的加工内容，建议在确保操作安全的前提下，安排在课余时间进行）。

图 8-1-1　零件激光加工

三、课前任务

根据任务书要求完成课前任务，见表 8-1-1。

表 8-1-1　零件激光加工任务书

任务名称	零件激光加工	班　级	
姓　名		学　号	
学习资料			
	扫左侧二维码 轻松浏览课程内容 ←	扫右侧二维码 参与互动并查阅详细资料 →	
任务要求			
1. 进入在线课程，分别点击页签"KT 板零件加工""Epp 板零件加工""椴木板零件加工"，下载 "激光加工排版图"文件做好课前准备，点击页签"教学资料"，进行课前预习。 2. 以图纸为参考，根据材料的尺寸进行排版，尽可能节省材料，树立成本意识。 3. 将排版的效果图截图上传在线课程进行分享讨论。 4. 将收获和遇到的问题填入下表。 5. 将填写完成的任务书拍照上传到在线课程的讨论区			
学习收获和问题记录			
学习收获	学习中所遇问题及解决办法		学习中未解决的问题

四、教学内容和步骤

（一）任务汇报

教师根据学生课前提交的任务情况，采用课堂活动的方式，请学生进行经验分享、问题讨论，然后教师点评指导学生解决遇到的问题。

（二）图纸排版

参考加工图纸的排版效果，引导学生进行排版，用 600 mm×900 mm 的 KT 板材料来加工零件，以节省材料、控制成本为目标。大家进行排版比拼，以能加工出零件数量的多少进行评价，而且最后以最优方案作为最终零件加工方案。

（三）激光加工过程

扫描二维码进入在线课程，认真学习激光加工的教学视频，然后根据教师的讲解和演示，使用激光加工机床进行零件的加工。加工操作前认真阅读机床安全操作规程，确保实训过程的安全实施。

五、检查与评价

（一）零件激光加工评价

全面评价学生对零件激光加工过程的掌握情况，评价要求见表 8-1-2。

表 8-1-2　零件激光加工评价记录

班级＿＿＿＿＿＿学号＿＿＿＿＿＿姓名＿＿＿＿＿＿任课教师＿＿＿＿＿＿					
零件加工检查					
序号	检查内容	技术要求	是否达标	分值	得分
1	成本意识	参考前面排版比拼的成绩	□	20	
2	加工精度	没有明显的烧蚀和收缩	□	30	
3	完成度	加工之后零件和剩料之间没有多余的连接	□	25	
4	完整度	每个零件都没有缺角和破损	□	25	
合计				100	

（二）其他评价

其他评价要求见表 8-1-3。

表 8-1-3　自我评价与教师评价记录

实训项目				姓名		学号	
序号	评估项目	分值	实训要求	自我评价		教师评价	得分
1	任务完成情况	20	按要求完成任务				
2	任务完成积极性	15	尽快完成任务并提交				
3	操作规程	15	严格执行安全操作规程				
4	课堂纪律	15	遵守纪律，设备未损坏				
5	课堂参与度	15	按要求全程参与教学过程				
6	出勤	10	不迟到、不早退、不旷课				

续表

序号	评估项目	分值	实训要求	自我评价	教师评价	得分
7	6S 管理	10	主动整理现场			
总计						

评价说明：得分＝教师评价－（"教师评价"与"自我评价"之差）

实训总结与反思：

任务二　零件 3D 打印

一、教学目标和要求

（1）熟悉 3D 打印机软件的使用方法。

（2）掌握设计图格式与 3D 打印机可识别格式之间的转换方法。

（3）掌握不同材料的加工参数的设置方法。

（4）掌握 3D 打印机的操作技能。

（5）掌握 3D 打印机安全使用规范与流程。

二、任务描述

（1）课前根据任务书要求，扫描二维码进入在线课程下载图纸，并查看相关视频介绍，以图纸为标准，以视频为参考，进行零件的 3D 打印准备，3D 打印设备如图 8-2-1 所示。

（2）线上或者线下讨论解决课前遇到的问题，未能解决的问题进行认真总结记录，在课堂上与教师一起解决。

（3）根据要求完成零件的 3D 打印。

（4）建议学时：2 学时（课堂内完成任务安排，剩下的加工内容，建议在确保操作安全的前提下，安排在课余时间进行）。

图 8-2-1　3D 打印设备

三、课前任务

根据任务书要求完成课前任务，见表 8-2-1。

表 8-2-1　零件 3D 打印任务书

任务名称	零件 3D 打印	班　级	
姓　名		学　号	
学习资料			
	扫左侧二维码 轻松浏览课程内容 ←	扫右侧二维码 参与互动并查阅详 细资料 →	
任务要求			
1. 进入在线课程，点击页签"加工文件"，下载"3D 打印加工文件"做好课前准备，点击页签"教学资料"，进行课前预习。 2. 完成任务测验。 3. 将收获和遇到的问题填入下表。 4. 将填写完成的任务书拍照上传到在线课程的讨论区			
学习收获和问题记录			
学习收获	学习中所遇问题及解决办法		学习中未解决的问题

四、教学内容和步骤

（一）任务汇报

教师根据学生课前提交的任务情况，采用课堂活动的方式，请学生进行经验分享、问题讨论，然后教师点评指导学生解决遇到的问题。

（二）图纸下载准备

扫描二维码进入在线课程，点击页签"加工图纸"下载需要进行 3D 打印的零件图。本任务需要进行 3D 打印的零件简图及数量见表 8-2-2。

表 8-2-2　零件 3D 打印的数量及要求

序号	零件名称	零件简图	打印数量	备注
1	方向舵		1	
2	尾翼整流罩		2	
3	垂尾翼尖		1	
4	发动机整流罩		2	
5	机翼整流罩		1 对	形状对称,需要用不同图纸分别打印
6	副翼整流罩		1 对	形状对称,需要用不同图纸分别打印

（三）3D 打印加工

扫描二维码进入在线课程,点击页签"教学资料",认真学习 3D 打印加工的教学视频,然后根据教师的讲解和演示,使用 3D 打印设备进行零件的加工,零件成品如图 8-2-2 所示。在加工操作之前认真阅读设备安全操作规程,确保实训过程的安全。

图 8-2-2　3D 打印部分零件成品

五、检查与评价

（一）零件 3D 打印评价

全面评价学生对零件 3D 打印加工过程的掌握情况,评价要求见表 8-2-3。

表 8-2-3 零件 3D 打印加工评价记录

班级＿＿＿＿＿＿学号＿＿＿＿＿姓名＿＿＿＿＿任课教师＿＿＿＿＿					
零件加工检查					
序号	检查内容	技术要求	是否达标	分值	得分
1	安全意识	严格执行安全操作规程，没有安全隐患	□	20	
2	加工精度	按照图纸形状尺寸完成，表面光滑	□	30	
3	完成度	每个组按表 8-2-2 的零件和数量要求完成	□	25	
4	完整度	每个零件都没有缺陷和破损	□	25	
合计				100	

（二）其他评价

其他评价要求见表 8-2-4。

表 8-2-4 自我评价与教师评价记录

实训项目				姓名		学号	
序号	评估项目	分值	实训要求	自我评价	教师评价	得分	
1	任务完成情况	20	按要求完成任务				
2	任务完成积极性	15	尽快完成任务并提交				
3	操作规程	15	严格执行安全操作规程				
4	课堂纪律	15	遵守纪律，设备未损坏				
5	课堂参与度	15	按要求全程参与教学过程				
6	出勤	10	不迟到、不早退、不旷课				
7	6S 管理	10	主动整理现场				
总计							
评价说明：得分＝教师评价－（"教师评价"与"自我评价"之差）							
实训总结与反思：							

任务三　机翼制作

一、教学目标和要求

（1）熟悉掌握机翼的制作过程。

（2）熟悉掌握热熔胶枪的安全使用方法。

（3）熟悉掌握美工刀的安全使用方法。

（4）通过制作熟悉机翼内部的结构。

二、任务描述

（1）课前根据任务书要求，进入在线课程，完成学习任务和任务测验。

（2）准备好机翼制作前的材料和工具。

（3）线上或者线下讨论解决课前遇到的问题，未能解决的问题进行认真总结记录，在课堂上与教师一起解决。

（4）课上扫描二维码进入在线课程，查看相关视频介绍，以机翼制作效果为参考，根据视频介绍，进行机翼制作。右机翼制作效果如图8-3-1所示，左机翼与之对称。

（5）建议学时：2学时（课堂内完成任务安排，剩下的制作内容，建议在确保操作安全的前提下，安排在课余时间进行）。

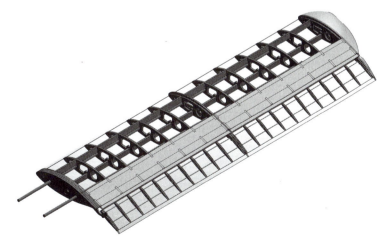

图 8-3-1　右机翼制作效果

三、课前任务

根据任务书要求完成课前任务，见表8-3-1。

表 8-3-1 "机翼制作"任务书

任务名称	机翼制作	班 级	
姓 名		学 号	
学习资料			
	扫左侧二维码 轻松浏览课程内容 ←	扫右侧二维码 参与互动并查阅详 细资料 →	
任务要求			

　1. 进入在线课程，点击页签"制作效果"，下载"（左）机翼装配体""（右）机翼装配体"文件做好课前准备，点击页签"教学资料"，进行课前预习。
　2. 点击页签"制作准备"，根据表格要求，准备好机翼制作前的材料和工具。
　3. 将准备好的零件和工具拍照上传到在线课程进行分享讨论。
　4. 将收获和遇到的问题填入下表。
　5. 将填写完成的任务书拍照上传到在线课程的讨论区

学习收获和问题记录		
学习收获	学习中所遇问题及解决办法	学习中未解决的问题

四、教学内容和步骤

（一）任务汇报

　　教师根据学生课前提交的任务情况，采用课堂活动的方式，请学生进行经验分享、问题讨论，然后教师点评指导学生解决遇到的问题。

（二）学生分组

　　根据班级人数参考表 8-3-2，建议每组 4～6 人。分工合作，提升学生的合作能力和团队意识，本表用于"项目八加工制作"详细考核学生成绩。

表 8-3-2　机翼、机身、尾翼制作分组考核

班级				项目	加工制作		
组别	学生	制作准备 （10%）	机翼制作 （30%）	机身制作 （30%）	尾翼制作 （15%）	起落架制作 （15%）	总评
		按时按要求完成制作准备，结合准备过程中个人的参与度评分	按时按要求完成机翼制作，结合制作过程中个人的参与度评分	按时按要求完成机身制作，结合制作过程中个人的参与度评分	按时按要求完成尾翼制作，结合制作过程中个人的参与度评分	按时按要求完成起落架制作，结合制作过程中个人的参与度评分	
1组							
2组							
3组							

（三）机翼制作实训过程

1．制作准备

根据表 8-3-3 和表 8-3-4 进行机翼制作前的材料准备和工具准备。

表 8-3-3　机翼制作零件清单

序号	零件名称	零件数量	材料	示意图
1	机翼蒙皮	2	KT 板	
2	副翼蒙皮	2	Epp 板	
3	机翼上蒙板	2	Epp 板	
4	机翼下蒙板	2	Epp 板	
5	机翼垫片	3	KT 板	
6	机翼加强翼肋	3	椴木板	
7	副翼加强翼肋	2	椴木板	
8	副翼加强翼肋（带舵角）	1	椴木板	
9	副翼翼肋	22	KT 板	
10	机翼翼肋	14	KT 板	
11	机翼桁条	2	KT 板	
12	机翼纵墙	6	KT 板	

续表

序号	零件名称	零件数量	材料	示意图
13	T 型螺母	1	M6×10 外购	
14	副翼翼梁	2	碳管	直径 2 mm，长 1000 mm
15	机翼大梁	2	碳管	直径 8 mm，长 1000 mm
16	机翼整流罩	1	3D 打印	
17	副翼整流罩	1	3D 打印	
18	副翼转轴	3	2 mm 销钉外购	

注：表中为单个机翼的配件数量。

表 8-3-4　机翼制作工具清单

序号	名称	型号	单位	数量	示意图	备注
1	热熔胶枪	7 mm	把	1		注意安全，防止烫伤
2	热熔胶棒	7 mm	根	若干		
3	壁纸刀		把	1		注意安全，防止割伤

2．机翼制作

请扫描二维码进入在线课程，并点击"制作效果"页签，您可以在那里下载机翼装配体文件。请务必认真查看文件中各零件之间的关系，以便理解机翼的构造。然后，点击"教学资料"页签，您将看到相关的教学资料和教学视频，指导您如何制作机翼。在此过程中，强烈建议您参考"项目七　虚拟装配"的练习成果，这将有助于确保机翼制作过程准确无误。

虚拟装配允许在出现错误时重新开始，而实际装配则无法容忍任何错误。这正是虚拟装配的重要性所在。在制作过程中，请务必保持左右机翼的对称性，效果请参考图 8-3-2。

图 8-3-2 一对机翼的制作效果

五、检查与评价

（一）机翼制作评价

全面评价学生对机翼制作过程的掌握情况，评价要求见表 8-3-5。

表 8-3-5 机翼制作评价记录

班级_____学号_____姓名_____任课教师_____					
机翼制作检查					
序号	检查内容	技术要求	是否达标	分值	得分
1	机翼制作	制作精良，零件位置准确，胶接缝完整、光滑	☐	35	
2	副翼制作	制作精良，零件位置准确，胶接缝完整、光滑	☐	25	
3	完成度	零件数量完整，所有胶接接缝满足要求	☐	10	
4	质量	满足前面要求的情况下，质量越轻越好	☐	10	
5	安全操作	严格执行安全规程，无违规操作	☐	20	
合计				100	

（二）其他评价

其他评价要求见表 8-3-6。

表 8-3-6 自我评价与教师评价记录

实训项目				姓名		学号	
序号	评估项目	分值	实训要求	自我评价	教师评价	得分	
1	任务完成情况	20	按要求完成任务				
2	任务完成积极性	15	尽快完成任务并提交				
3	操作规程	15	严格执行安全操作规程				
4	课堂纪律	15	遵守纪律，设备未损坏				

续表

序号	评估项目	分值	实训要求	自我评价	教师评价	得分
5	课堂参与度	15	按要求全程参与教学过程			
6	出勤	10	不迟到、不早退、不旷课			
7	6S 管理	10	主动整理现场			
总计						

评价说明：得分＝教师评价－（"教师评价"与"自我评价"之差）

实训总结与反思：

任务四　机身制作

一、教学目标和要求

（1）熟悉掌握机身的制作过程。
（2）熟悉掌握热熔胶枪的安全使用方法
（3）熟悉掌握美工刀的安全使用方法
（4）通过制作熟悉机身的内部结构。

二、任务描述

（1）课前根据任务书要求，进入在线课程，完成学习任务和任务测验。
（2）准备机身制作的材料和工具。
（3）线上或者线下讨论解决课前遇到的问题，未能解决的问题进行认真总结记录，在课堂上与教师一起解决。机身制作效果如图 8-4-1 所示。
（4）课上扫描二维码进入在线课程，查看相关视频介绍，以机身制作效果为参考，根据视频介绍，进行机身制作。
（5）建议学时：4 学时（课堂内完成任务安排，剩下的制作内容，建议在确保操作安全的前提下，安排在课余时间进行）。

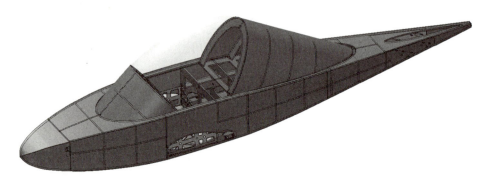

图 8-4-1　机身制作效果

三、课前任务

根据任务书要求完成课前任务，见表 8-4-1。

表 8-4-1 "机身制作"任务书

任务名称	机身制作	班 级	
姓 名		学 号	
学习资料			
	扫左侧二维码 轻松浏览课程内容 ⬅	扫右侧二维码 参与互动并查阅详 细资料 ➡	
任务要求			
1. 进入在线课程,点击页签"制作效果",下载"机身装配体"文件做好课前准备,点击页签"教学资料",进行课前预习。 2. 点击页签"制作准备",根据表格要求,准备机身制作的材料和工具。 3. 将准备好的零件和工具拍照上传到在线课程进行分享讨论。 4. 将收获和遇到的问题填入下表。 5. 将填写完成的任务书拍照上传到在线课程的讨论区			
学习收获和问题记录			
学习收获	学习中所遇问题及解决办法		学习中未解决的问题

四、教学内容和步骤

(一)任务汇报

教师根据学生课前提交的任务情况,采用课堂活动的方式,请学生进行经验分享、问题讨论,然后教师点评指导学生解决遇到的问题。

(二)机身制作实训

1. 驾驶舱制作

根据表 8-4-2 和表 8-4-3 进行驾驶舱制作前的材料准备和工具准备。

表 8-4-2　机身制作零件清单

序号	零件名称	零件数量	材料	示意图
1	前风挡	1	KT 板	
2	仪表板支座	1	KT 板	
3	前风挡内衬	1	KT 板	
4	仪表板	1	KT 板	
5	风挡玻璃	1	KT 板（可以采用 3D 打印）	
6	后风挡	1	KT 板	
7	后风挡加强肋 1	1	KT 板	
8	后风挡加强肋 2	1	KT 板	
9	后风挡加强肋 3	1	KT 板	
10	后风挡加强肋 4	1	KT 板	
11	后风挡桁条	1	KT 板	
12	后风挡隔框	1	KT 板	
13	舵机	2	ES3154（型号）	

表 8-4-3　机身制作工具清单

序号	名称	型号	单位	数量	示意图	备注
1	热熔胶枪	7 mm	把	1		注意安全，防止烫伤
2	热熔胶棒	7 mm	根	若干		
3	壁纸刀		把	1		注意安全，防止割伤

请扫描二维码访问在线课程平台，进入后点击"制作效果"页签，下载"驾驶舱装配体"文件。仔细研究文件中各零件之间的位置关系，以深入理解驾驶舱的构造。随后，请转至"教学资料"页面，查找教学资料和演示视频，学习制作驾驶舱，制作效果可参照图 8-4-2。

特别推荐参考"项目七　虚拟装配"的练习成果，将极大提高制作驾驶舱的精确性。

图 8-4-2　驾驶舱制作效果

2．后机身骨架制作

根据表 8-4-4 和表 8-4-3 进行后机身骨架制作前的材料准备和工具准备。

表 8-4-4　后机身骨架制作零件清单

序号	零件名称	零件数量	材料	示意图
1	后机身桁条（侧）	2	KT 板	
2	后机身桁条（上）	1	KT 板	
3	后机身桁条（下）	2	KT 板	

续表

序号	零件名称	零件数量	材料	示意图
4	机身隔框 4	1	KT 板	
5	机身隔框 5	1	KT 板	
6	机身隔框 6	1	KT 板	
7	机身隔框 7	1	KT 板	
8	机身隔框 8	1	KT 板	
9	机身隔框 9	1	KT 板	
10	机身隔框 10	1	KT 板	
11	垂尾安装板 1	2	椴木板	
12	垂尾安装板 2	2	椴木板	
13	尾翼加强板	2	椴木板	
14	后机身大梁	1	碳管	直径 10 mm，长 1 000 mm

　　请扫描二维码访问在线课程平台，进入后点击"制作效果"页签，下载"后机身骨架装配体"文件。仔细研究文件中各零件之间的位置关系，以深入理解后机身骨架的构造。根据"教学资料"页面的教学资料和演示视频，进行后机身骨架的制作，效果如图 8-4-3 所示。

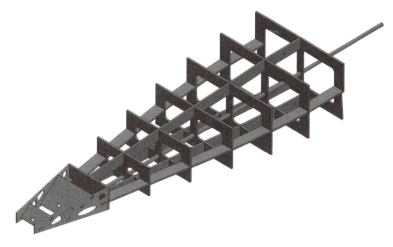

图 8-4-3　后机身骨架制作效果

3．前机身骨架制作

根据表 8-4-5 和表 8-4-3 进行前机身骨架制作前的材料准备和工具准备。

表 8-4-5　前机身骨架制作零件清单

序号	零件名称	零件数量	材料	效果图
1	前机身桁条（侧）	2	KT 板	
2	前机身桁条（上）	1	KT 板	
3	前机身桁条（下）	1	KT 板	
4	机身隔框 1	1	KT 板	
5	机身隔框 2	1	KT 板	
6	机身隔框 3	1	KT 板	
7	机身大梁	2	碳管	直径 10 mm，长 574 mm
8	发动机安装板	1	椴木板	

续表

序号	零件名称	零件数量	材料	效果图
9	起落架安装座 1	1	椴木板	
10	起落架安装座 2	3	椴木板	
11	发动机安装座	6	椴木板	
12	舵机	1	9 g 金属舵机	

请扫描二维码访问在线课程平台，进入后点击"制作效果"页签，下载"前机身骨架装配体"文件。仔细研究文件中各零件之间的位置关系，以深入理解前机身骨架的构造。根据"教学资料"页面的教学资料和演示视频，进行前机身骨架的制作，效果如图 8-4-4 所示。

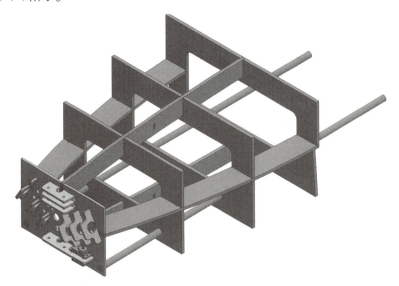

图 8-4-4　前机身骨架制作效果

4．中央翼盒制作

根据表 8-4-6 和表 8-4-3 进行中央翼盒制作前的材料准备和工具准备。

表 8-4-6　中央翼盒制作零件清单

序号	零件名称	零件数量	材料	效果图
1	机翼安装板	2	椴木板	
2	翼盒立板	2	椴木板	
3	翼盒内衬	2	椴木板	
4	主起落架安装板	1	椴木板	

请扫描二维码访问在线课程平台，进入后点击"制作效果"页签，下载"中央翼盒装配体"文件。仔细研究文件中各零件之间的位置关系，以深入理解中央翼盒的构造。根据"教学资料"页面的教学资料和演示视频，进行中央翼盒的制作，效果如图8-4-5 所示。

图 8-4-5　中央翼盒制作效果

5．机身总装

制作好驾驶舱、机身后骨架、机身前骨架和中央翼盒后，就可以进行机身总装，根据表 8-4-7 和表 8-4-3 进行机身蒙皮准备和总装工具准备。

表 8-4-7　机身蒙皮零件清单

序号	零件名称	零件数量	材料	效果图
1	机身上蒙皮	1	KT 板	
2	机身下蒙皮	1	KT 板	
3	机身左蒙皮	1×2 左右对称	KT 板	
4	机头整流罩	1	KT 板（也可以 3D 打印）	

　　请扫描二维码访问在线课程平台，进入后点击"制作效果"页签，下载"机身装配体"文件。仔细研究文件中各零部件之间的位置关系，以深入理解机身的构造。根据"教学资料"页面的教学资料和演示视频，进行机身的总装，效果如图 8-4-1 所示。

五、检查与评价

（一）机身制作评价

　　全面评价学生对机身制作过程的掌握情况，评价要求见表 8-4-8。

表 8-4-8　机翼制作评价记录

班级＿＿＿＿＿＿＿＿＿ 学号＿＿＿＿＿＿＿＿＿ 姓名＿＿＿＿＿＿＿＿＿ 任课教师＿＿＿＿＿＿＿＿					
机身制作检查					
序号	检查内容	技术要求	是否达标	分值	得分
1	驾驶舱制作	制作精良，零件位置准确，胶接缝完整、光滑	□	20	
2	机身后骨架制作	制作精良，零件位置准确，胶接缝完整、光滑	□	15	
3	机身前骨架制作	制作精良，零件位置准确，胶接缝完整、光滑	□	15	

续表

序号	检查内容	技术要求	是否达标	分值	得分
4	中央翼盒制作	制作精良，零件位置准确，胶接缝完整、光滑	□	10	
5	机身总装	制作精良，零件位置准确，胶接缝完整、光滑	□	10	
6	完成度	零件数量完整，所有胶接接缝满足要求	□	10	
7	质量	满足前面要求的情况下，质量越轻越好	□	10	
8	安全操作	严格执行安全规程，无违规操作	□	10	
合计				100	

（二）其他评价

其他评价要求见表8-4-9。

表8-4-9　自我评价与教师评价记录

实训项目					姓名		学号	
序号	评估项目	分值	实训要求		自我评价	教师评价		得分
1	任务完成情况	20	按要求完成任务					
2	任务完成积极性	15	尽快完成任务并提交					
3	操作规程	15	严格执行安全操作规程					
4	课堂纪律	15	遵守纪律，设备未损坏					
5	课堂参与度	15	按要求全程参与教学过程					
6	出勤	10	不迟到、不早退、不旷课					
7	6S管理	10	主动整理现场					
总计								
评价说明：得分＝教师评价－（"教师评价"与"自我评价"之差）								
实训总结与反思：								

任务五　尾翼制作

一、教学目标和要求

（1）熟悉掌握尾翼的制作过程。
（2）熟悉掌握热熔胶枪的安全使用方法。
（3）熟悉掌握美工刀的安全使用方法。
（4）通过制作熟悉尾翼内部的结构。

二、任务描述

（1）课前根据任务书要求，进入在线课程，完成学习任务和任务测验。
（2）准备尾翼制作的材料和工具。
（3）线上或者线下讨论解决课前遇到的问题，未能解决的问题进行认真总结记录，在课堂上与教师一起解决。
（4）课上扫描二维码进入在线课程，查看相关视频介绍，以尾翼制作效果为参考，根据视频介绍，进行尾翼制作。尾翼制作效果如图 8-5-1 所示。
（5）建议学时：2 学时（课堂内完成任务安排，剩下的制作内容，建议在确保操作安全的前提下，安排在课余时间进行）。

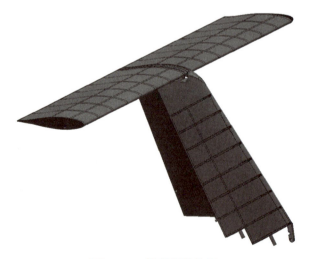

图 8-5-1　尾翼制作效果

三、课前任务

根据任务书要求完成课前任务，见表 8-5-1。

表 8-5-1　尾翼制作任务书

任务名称	尾翼制作	班　级	
姓　名		学　号	

<table>
<tr><td colspan="4" align="center">学习资料</td></tr>
<tr>
<td></td>
<td>扫左侧二维码
轻松浏览课程内容
←</td>
<td>扫右侧二维码
参与互动并查阅详
细资料
→</td>
<td></td>
</tr>
</table>

<table>
<tr><td colspan="4" align="center">任务要求</td></tr>
<tr><td colspan="4">
1. 进入在线课程，点击页签"制作效果"，下载"垂直尾翼装配体"文件、"水平尾翼装配体"文件做好课前准备，研读制作效果文件，结合"教学资料"，做好课前预习。
2. 点击页签"制作准备"，根据要求进行尾翼制作前的材料准备和工具准备。
3. 将准备好的零件和工具拍照上传到在线课程进行分享讨论。
4. 将收获和遇到的问题填入下表。
5. 将填写完成的任务书拍照上传到在线课程的讨论区
</td></tr>
</table>

学习收获和问题记录		
学习收获	学习中所遇问题及解决办法	学习中未解决的问题

四、教学内容和步骤

（一）任务汇报

教师根据学生课前提交的任务情况，采用课堂活动的方式，让学生进行尾翼零件建模的问题反馈、经验分享，教师总结后统一对学生进行针对性授课。

（二）教学内容

1. 制作准备

根据表 8-5-2～表 8-5-4 进行尾翼制作前的材料准备和工具准备。

表 8-5-2　垂直尾翼制作零件清单

序号	零件名称	零件数量	材料	效果图
1	垂尾翼尖	1	PC（3D 打印）	
2	垂尾蒙皮	1	Epp 泡沫板	
3	方向舵	1	PC（3D 打印）	
4	垂尾翼梁	2	碳纤维	
5	垂尾前墙	1	椴木	
6	垂尾纵墙	1	椴木	
7	垂尾翼肋 4	1	椴木	
8	垂尾翼肋 5	1	KT 板	
9	垂尾翼肋 6	1	KT 板	
10	垂尾翼肋 7	1	KT 板	
11	垂尾翼肋 8	1	KT 板	
12	垂尾翼肋 9	1	KT 板	
13	垂尾翼肋 10	1	椴木	
14	垂尾翼肋 11	1	椴木	
15	垂尾翼肋 12	1	椴木	

表 8-5-3　水平尾翼制作准零件清单

序号	零件名称	零件数量	材料	效果图
1	平尾翼尖	2	PC（3D 打印）	
2	水平尾翼蒙皮	2	Epp 泡沫板	
3	水平尾翼翼肋	16	KT 板	
4	水平尾翼垫片	2	KT 板	
5	水平尾翼加强翼肋	2	椴木板	
6	水平尾翼桁条	8	KT 板	
7	水平尾翼翼梁	3	碳杆	2 mm×740 mm

表 8-5-4　尾翼制作工具清单

序号	名称	型号	单位	数量	示意图	备注
1	热熔胶枪	7 mm	把	1		注意安全，防止烫伤
2	热熔胶棒	7 mm	根	若干		
3	壁纸刀		把	1		注意安全，防止割伤

2．尾翼制作

　　扫码进入在线课程，点击页签"制作效果"下载尾翼装配体文件，仔细查看零件之间的关系。击页签"教学资料"，认真观看视频，制作尾翼，效果如图 8-5-2 所示。

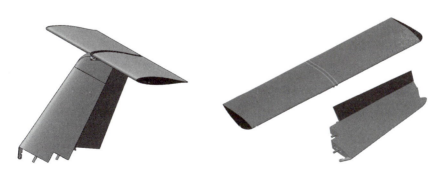

图 8-5-2　尾翼制作效果

五、检查与评价

（一）尾翼制作评价

尾翼制作评价，全面评价学生对尾翼制作过程的掌握情况，评价要求见表 8-5-5。

表 8-5-5　尾翼制作评价记录

班级＿＿＿＿＿＿　学号＿＿＿＿＿＿　姓名＿＿＿＿＿＿　任课教师＿＿＿＿＿＿

尾翼制作检查					
序号	检查内容	技术要求	是否达标	分值	得分
1	垂尾制作	制作精良，零件位置准确，胶接缝完整、光滑	☐	35	
2	平尾制作	制作精良，零件位置准确，胶接缝完整、光滑	☐	25	
3	完成度	零件数量完整，所有胶接接缝满足要求	☐	10	
4	质量	满足前面要求的情况下，质量越轻越好	☐	10	
5	安全操作	严格执行安全规程，无违规操作	☐	20	
合计				100	

（二）其他评价

其他评价要求见表 8-5-6。

表 8-5-6　自我评价与教师评价记录

实训项目				姓名		学号	
序号	评估项目	分值	实训要求	自我评价	教师评价	得分	
1	任务完成情况	20	按要求完成任务				
2	任务完成积极性	15	尽快完成任务并提交				
3	操作规程	15	严格执行安全操作规程				
4	课堂纪律	15	遵守纪律，设备未损坏				
5	课堂参与度	15	按要求全程参与教学过程				
6	出勤	10	不迟到、不早退、不旷课				
7	6S 管理	10	主动整理现场				
总计							
评价说明：得分＝教师评价－（"教师评价"与"自我评价"之差）							
实训总结与反思：							

任务六　起落架制作

一、教学目标和要求

（1）熟悉掌握起落架翼的制作过程。
（2）掌握剪板机的安全使用。
（3）掌握折弯机的安全使用。
（4）通过制作熟悉掌握起落架的结构。

二、任务描述

（1）课前根据任务书要求，进入在线课程，完成学习任务和任务测验。
（2）准备起落架制作的材料和设备工具。
（3）线上或者线下讨论解决课前遇到的问题，未能解决的问题进行认真总结记录，在课堂上与教师一起解决。
（4）课上扫描二维码进入在线课程，查看相关视频介绍，以起落架制作效果为参考，根据视频介绍，进行起落架制作，起落架制作效果如图 8-6-1 所示。
（5）建议学时：2 学时（课堂内完成任务安排，剩下的制作内容，建议在确保操作安全的前提下，安排在课余时间进行）。
（6）特别说明：
① 起落架可以按照教程制作装配，也可以提前根据图纸在网上定制或者购买成品。
② 可以每组制作一套起落架，也可以只制作一套起落架，试飞的时候换着使用，以节约成本。

图 8-6-1　起落架制作效果

三、课前任务

根据任务书要求完成课前任务，见表 8-6-1。

表 8-6-1　起落架制作任务书

任务名称	起落架制作	班　级	
姓　名		学　号	
学习资料			

	扫左侧二维码 轻松浏览课程内容 ←	扫右侧二维码 参与互动并查阅详 细资料 →	

任务要求

1. 进入在线课程，点击页签"制作效果"，下载"前起落架装配体"文件、"主起落架装配体"文件做好课前准备，研读制作效果文件，结合"教学资料"，做好课前预习。

2. 点击页签"制作准备"，根据要求，进行起落架制作前的材料准备和工具准备。

3. 将准备好的零件和工具拍照上传到在线课程进行分享讨论。

4. 将收获和遇到的问题填入下表。

5. 将填写完成的任务书拍照上传到在线课程的讨论区

学习收获和问题记录

学习收获	学习中所遇问题及解决办法	学习中未解决的问题

四、教学内容和步骤

（一）任务汇报

教师根据学生课前提交的任务情况，采用课堂活动的方式，让学生进行起落架制作的问题反馈、经验分享，教师总结后统一对学生进行针对性授课。

（二）教学内容

1. 制作准备

根据表 8-6-2 和表 8-6-3 进行起落架制作前的材料准备和设备工具准备。

表 8-6-2　起落架材料准备详情

序号	材料名称	数量	规格	备注
1	阳极铝板	1	700 mm×50 mm×5 mm	用于加工主起落架
2	碳管	1	10 mm×8 mm×280 mm	用于加工前起落架

表 8-6-3　起落架设备工具准备详情

序号	名称	数量	规格	备注
1	平锉刀	1	6 英寸及以上	
2	麻花钻头	1	$\phi 4$	
3	麻花钻头	1	$\phi 3$	
4	剪板机	1		
5	折弯机	1		
6	手电钻（或台钻）	1		
7	台虎钳	1		
8	榔头	1		

2．主起落架制作

做好准备之后，扫码进入在线课程，点击页签"教学资料"，根据说明进行加工，加工图纸如图 8-6-2 所示。如果没有剪板机，可以用钳工划线、锉削的方式进行加工，然后按照位置和尺寸要求进行钻孔。

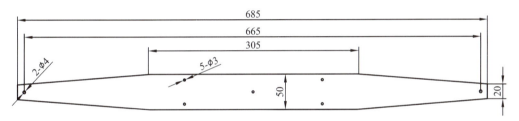

图 8-6-2　主起落架加工图纸

用折弯机进行折弯加工，加工图纸如图 8-6-3 所示，如果没有折弯机，可以用台虎钳配合榔头进行折弯加工。

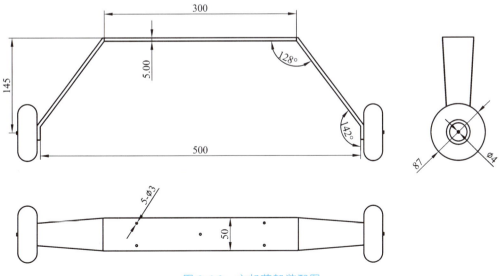

图 8-6-3　主起落架装配图

3．前起落架制作

做好准备之后，扫码进入在线课程，点击页签"教学资料"，根据说明进行加工，加工图纸如图 8-6-4 所示。将碳管长度加工到 280 mm，然后在离端面 5 mm 的位置钻直径为 4 mm 的孔，注意在碳管上钻孔要钻头锋利，进给量要小，避免钻孔过程中碳管破裂。

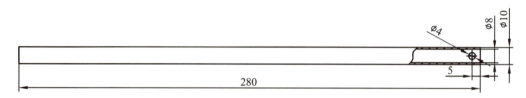

图 8-6-4　前起落架加工图纸

4．装配准备

根据表 8-6-4～表 8-6-6 进行起落架装配前的材料准备和工具准备。

表 8-6-4　前起落架零件详情

序号	零件名称	零件数量	材料	效果图
1	前轮	2	泡沫轮	
2	前轮轴	1	碳纤维	
3	前起落架立柱	1	碳纤维	
4	前起落架转向摇臂	1	椴木板	

表 8-6-5　主起落架零件详情

序号	零件名称	零件数量	材料	效果图
1	主起落架	1	碳纤维	
2	主机轮	2	泡沫轮	

表 8-6-6　起落架装配工具清单

序号	名称	型号	单位	数量	示意图	备注
1	螺丝刀	十字	把	1		
2	活扳手	6英寸	把	1		
3	502胶		管	1		
4	棉线			1		用于前起落架钻孔处的加固

5．起落架装配

　　扫码进入在线课程，点击页签"制作效果"，下载"前起落架装配体"文件、"主起落架装配体"文件，仔细查看零件之间的关系。点击页签"教学资料"，认真观看视频，完成起落架装配，效果如图 8-6-5 所示。

图 8-6-5　起落架建模效果

五、检查与评价

（一）起落架制作评价

　　全面评价学生的建模情况，评价要求见表 8-6-7。

表 8-6-7　起落架建模评价记录

班级＿＿＿＿＿＿　学号＿＿＿＿＿＿　姓名＿＿＿＿＿＿　任课教师＿＿＿＿＿＿					
制作完整度检查					
序号	检查内容	技术要求	是否达标	分值	得分
1	前起落架制作	碳管加工与图纸吻合，无破损	□	20	
2	主起落架制作	剪板弯板钻孔与图纸吻合	□	40	
3	前起落架装配	满足装配图和技术要求	□	20	
4	主起落架装配	满足装配图和技术要求	□	20	
合计				100	

（二）其他评价

其他评价要求见表 8-6-8。

表 8-6-8　自我评价与教师评价记录

实训项目				姓名		学号	
序号	评估项目	分值	实训要求	自我评价	教师评价	得分	
1	任务完成情况	20	按图纸要求完成任务				
2	制作积极性	15	尽快完成任务并提交				
3	在线讨论	15	在线课程上积极发帖讨论				
4	课堂纪律	15	遵守纪律，设备未损坏				
5	课堂参与度	15	按要求全程参与教学过程				
6	出勤	10	不迟到、不早退、不旷课				
7	6S 管理	10	主动整理现场				
总计							
评价说明：得分＝教师评价－（"教师评价"与"自我评价"之差）							
实训总结与反思：							

任务七　动力系统制作

一、教学目标和要求

（1）熟练掌握动力系统的制作过程。
（2）熟练掌握热熔胶枪的安全使用。
（3）熟练掌握螺丝刀、扳手的安全使用。
（4）通过制作熟悉动力系统的结构。

二、任务描述

（1）课前根据任务书要求，进入在线课程，完成学习任务和任务测验。
（2）准备动力系统制作的材料和工具。
（3）线上或者线下讨论解决课前遇到的问题，未能解决的问题进行认真总结记录，在课堂上与教师一起解决。
（4）课上扫描二维码进入在线课程，查看相关视频介绍，以动力系统制作效果为参考，根据视频介绍，进行动力系统制作，制作效果如图 8-7-1 所示。
（5）特别提醒，在得到教师允许之前严禁安装螺旋桨。
（6）建议学时：2 学时。

图 8-7-1　动力系统制作效果

三、课前任务

根据任务书要求完成课前任务，见表 8-7-1。

表 8-7-1 "动力系统制作"任务书

任务名称	动力系统制作	班 级	
姓 名		学 号	
学习资料			
	扫左侧二维码 轻松浏览课程内容 ←	扫右侧二维码 参与互动并查阅详细资料 →	
任务要求			
1. 进入在线课程,点击页签"制作效果",下载"动力系统装配体"文件做好课前准备,点击页签"教学资料",进行课前预习。 2. 点击页签"制作准备",根据要求,进行动力系统制作前的材料准备和工具准备。 3. 将准备好的零件和工具拍照上传到在线课程进行分享讨论。 4. 将收获和遇到的问题填入下表。 5. 将填写完成的任务书拍照上传到在线课程的讨论区			
学习收获和问题记录			
学习收获	学习中所遇问题及解决办法		学习中未解决的问题

四、教学内容和步骤

(一)任务汇报

教师根据学生课前提交的任务情况,采用课堂活动的方式,请学生进行经验分享、问题讨论,然后教师点评指导学生解决遇到的问题。

(二)动力系统制作实训过程

1. 制作准备

根据表 8-7-2 和表 8-7-3 进行动力系统制作前的材料准备和工具准备。

表 8-7-2　动力系统零件详情

序号	零件名称	零件数量	材料	效果图
1	发动机	2	2820KV860	
2	发动机安装轴	2	碳纤维	
3	发动机座紧固件	16	椴木板	
4	发动机座	4	椴木板	
5	发动机紧固螺栓	8	M3×40	
6	发动机整流罩	2	Pc	

注：本表是按照一套系统准备。

表 8-7-3　动力系统装配工具清单

序号	名称	型号	单位	数量	示意图	备注
1	螺丝刀	十字	把	1		
2	活扳手	6英寸	把	1		
3	502胶		管	1		
4	棉线			1		用于发动机座的加固

2．动力系统制作

进入在线课程，点击页签"制作效果"，下载"动力系统装配体"文件，仔细查看零件之间的关系。点击页签"教学资料"，认真观看视频，制作动力系统，效果如图8-7-1所示。

五、检查与评价

（一）动力系统制作评价

全面评价学生的制作情况，评价要求见表 8-7-4。

表 8-7-4　动力系统制作评价记录

班级＿＿＿＿＿＿＿＿ 学号＿＿＿＿＿＿＿＿ 姓名＿＿＿＿＿＿＿＿ 任课教师＿＿＿＿＿＿＿＿					
制作完整度检查					
序号	检查内容	技术要求	是否达标	分值	得分
1	动力系统零件数量	6 种，34 个零件	☐	20	
2	装配精度	零件装配精度满足图纸要求	☐	60	
3	外观特征	美观	☐	20	
合计				100	

（二）其他评价

其他评价要求见表 8-7-5。

表 8-7-5　自我评价与教师评价记录

实训项目				姓名		学号	
序号	评估项目	分值	实训要求	自我评价	教师评价		得分
1	任务完成情况	20	按三视图要求完成任务				
2	制作积极性	15	尽快完成任务并提交				
3	在线讨论	15	在线课程上积极发帖讨论				
4	课堂纪律	15	遵守纪律，设备未损坏				
5	课堂参与度	15	按要求全程参与教学过程				
6	出勤	10	不迟到、不早退、不旷课				
7	6S 管理	10	主动整理现场				
总计							
评价说明：得分＝教师评价－（"教师评价"与"自我评价"之差）							
实训总结与反思：							

项目九　装调试飞

任务一　整机总装

一、教学目标和要求

（1）熟练掌握固定翼无人机结构知识。
（2）深刻理解无人机装配的基础知识。
（3）掌握无人机总装的流程和方法。
（4）培养查找资料、整合资源的信息素养。
（5）通过总装熟练掌握无人机结构。

二、任务描述

（1）课前根据任务书要求，进入在线课程，完成学习任务和任务测验。
（2）准备好本情景项目八　制作好的各个部件以及所有的零件。
（3）根据前面所学习的虚拟装配为基础，以图纸为标准，以建模效果图为参考，根据视频说明进行总装，装配效果如图9-1-1所示。
（4）线上或者线下讨论解决课前遇到的问题，未能解决的问题进行认真总结记录，在课堂上与教师一起解决。
（5）特别提醒，在得到教师允许之前严禁安装螺旋桨。
（6）建议学时：2学时（课堂上解决具体问题，重复性操作在课余时间完成）。

图 9-1-1　整机总装效果

三、课前任务

根据任务书要求完成课前任务，见表 9-1-1。

表 9-1-1　整机总装任务书

任务名称	整机总装	班　级	
姓　名		学　号	
学习资料			

	扫左侧二维码 轻松浏览课程内容	扫右侧二维码 参与互动并查阅详细资料	

任务要求

1. 进入在线课程，点击页签"总装效果"，下载装配体文件做好课前准备，研读装配体文件，结合教学资料做好课前预习。

2. 准备好上一个项目制作装配好的各个部件以及所有的零件。

3. 点击页签"教学资料"学习无人机装配的相关知识，完成任务测验。

4. 将收获和遇到的问题填入下表。

5. 将填写完成的任务书拍照上传到在线课程的讨论区

学习收获和问题记录

学习收获	学习中所遇问题及解决办法	学习中未解决的问题

四、教学内容和步骤

（一）任务汇报

教师根据学生课前提交的任务情况，采用课堂活动的方式，让学生进行整机总装的问题反馈、经验分享，教师总结后统一对学生进行针对性授课。

（二）教学内容

1. 整机总装准备

扫描二维码进入在线课程，点击页签"总装效果"，下载装配体文件，仔细查阅每个零部件的位置和零部件之间的相互关系，做好装配准备。

准备好上一个项目制作装配好的各个部件以及所有的零件，如图 9-1-2 所示。

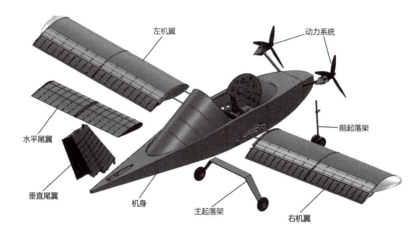

图 9-1-2　为总装准备好的部件

2．整机总装

以前面学习的虚拟装配（项目七任务二）内容为基础，以装配体文件为参考，认真查阅各个零部件之间的关系，点击页签"教学资料"，根据视频，完成"蟋蟀"的整机总装，效果如图 9-1-1 所示。将总装的作品照片以及总装经验分享到在线课程的讨论区。

五、检查与评价

（一）整机总装评价

全面评价学生的整机装配情况，评价要求见表 9-1-2。

表 9-1-2　整机总装评价记录

班级＿＿＿＿＿＿＿＿＿　学号＿＿＿＿＿＿＿＿＿　姓名＿＿＿＿＿＿＿＿　任课教师＿＿＿＿＿＿＿＿					
装配体完整度检查					
序号	检查内容	技术要求	是否达标	分值	得分
1	总装质量	零部件数量齐全，位置准确，约束正确	□	30	
2	机翼装配	舵机舵角配合正确，连接紧固	□	20	
3	尾翼舵面	舵机舵角配合正确，升降舵、方向舵可自由偏转	□	20	
4	动力系统	连接紧固，角度正确	□	15	
5	起落架	连接紧固，转向正常	□	15	
合计				100	

（二）其他评价

其他评价要求见表9-1-3。

表 9-1-3　自我评价与教师评价记录

实训项目				姓名		学号	
序号	评估项目	分值	实训要求	自我评价	教师评价	得分	
1	任务完成情况	20	按装配图要求完成任务				
2	任务完成积极性	15	尽快完成任务并提交				
3	在线讨论	15	在线课程上积极发帖讨论				
4	课堂纪律	15	遵守纪律，设备未损坏				
5	课堂参与度	15	按要求全程参与教学过程				
6	出勤	10	不迟到、不早退、不旷课				
7	6S 管理	10	主动整理现场				
	总　计						
评价说明：得分＝教师评价－（"教师评价"与"自我评价"之差）							
实训总结与反思：							

任务二　电子设备连接

一、教学目标和要求

（1）熟悉掌握每一个电子设备的名称和作用。

（2）熟悉掌握电子设备的参数的具体含义。

（3）掌握电子设备的安装连接方法。

（4）掌握电烙铁的安全使用。

（5）按照任务书完成任务，并按教师要求上交作业。

二、任务描述

（1）课前根据任务书要求，进入在线课程，完成学习任务和任务测验。

（2）线上或者线下讨论解决课前遇到的问题，未能解决的问题进行认真总结记录，在课堂上与教师一起解决。

（3）课上扫描二维码进入在线课程，查看教学视频，按照视频讲解的连接要求和步骤进行操作，如图 9-2-1 所示（注意：**在得到教师允许之前，禁止安装螺旋桨**）。

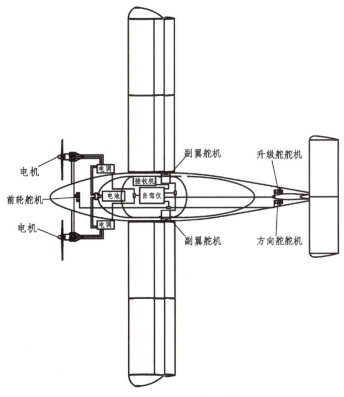

图 9-2-1　电子设备连接

（4）实训完成之后，将作品照片和实训心得分享到在线课程进行讨论交流。

（5）课后可查看在线课程上本任务的知识扩展，自己根据视频讲解完成航模机身加强步骤。

（6）建议学时：2学时。

三、课前任务

根据任务书要求完成课前任务，见表9-2-1。

表 9-2-1 "电子设备连接"任务书

任务名称	电子设备连接	班 级	
姓 名		学 号	
学习资料			
	扫左侧二维码 轻松浏览课程内容 ←	扫右侧二维码 参与互动并查阅详细资料 →	
任务要求			
1. 进入在线课程，点击页签"连接图纸"，下载"电子设备连接图"文件，研读图纸文件，结合"教学资料"，做好课前预习。 2. 点击页签"连接准备"，根据表格要求，进行电子设备连接前的材料准备和工具准备。 3. 将准备好的零件和工具拍照上传到在线课程进行分享讨论。 4. 将收获和遇到的问题填入下表。 5. 将填写完成的任务书拍照上传到在线课程的讨论区。 注意：在得到教师允许之前，禁止安装螺旋桨			
学习收获和问题记录			
学习收获	学习中所遇问题及解决办法		学习中未解决的问题

四、教学内容和步骤

（一）任务汇报

教师根据学生课前提交的章节测验等任务情况，采用课堂活动的方式，请学生进行经验分享、问题讨论，然后教师点评指导学生解决遇到的问题。

（二）学生分组

根据加工制作项目的分组方式，分工合作，提升学生的合作能力和团队意识。

（三）电子设备安装实训

1．实训准备

课前请根据表 9-2-2 和表 9-2-3 进行电子设备安装实训前的材料准备和工具准备。

表 9-2-2　航模电子设备安装配件清单

序号	名称	型号	单位	数量	备注
1	电机	2820KV860	个	2	
2	螺旋桨	1408	对	1	安装前向老师申请
3	电调	60A6S	个	1	
4	电池	6S10000mAH	个	1	
5	舵机	ES3154	个	2	用于副翼
6	舵机	9g	个	3	用于升降舵和方向舵和前轮
7	接收机	4 通道（或以上）	个	1	匹配遥控器
8	自驾仪		套	1	如果没有，也可以用手动模式进行飞行
9	导航系统		套	1	如果没有，也可以用手动模式进行飞行
10	热缩管	4 mm		若干	
11	舵脚	常规	个	4	
12	拉杆	1 mm	根	若干	
13	碳管	3 mm×1 mm×1 000 mm	根	2	
14	热熔胶	7 mm	根	若干	
15	扎带		根	1	固定电池
16	焊锡			若干	

表 9-2-3　电子设备安装工具和设备清单

序号	名称	型号	单位	数量	备注
1	螺丝刀		套	1	
2	电烙铁		把	1	
3	尖嘴钳		把	1	
4	剥线钳		把	1	
5	焊台		个	1	
6	热熔胶枪	7 mm	把	1	
7	Z 字钳		把	1	
8	斜口钳		把	1	
9	扩孔器		把	1	
10	壁纸刀		套	1	

2．电子设备安装与连接

扫码进入在线课程，点击页签"教学资料"仔细观看电子设备连接的教学视频，根据教学视频的操作步骤和要求进行电子设备安装和连接，如图 9-2-1 所示。

五、检查与评价

（一）电子设备安装评价

全面评价学生对电子设备安装和连接过程的掌握情况，评价要求见表 9-2-4。

表 9-2-4　电子设备安装评价记录

班级＿＿＿＿＿＿学号＿＿＿＿＿＿姓名＿＿＿＿＿＿任课教师＿＿＿＿＿＿

电子设备安装检查					
序号	检查内容	技术要求	是否达标	分值	得分
1	设备安装	电机、舵机的安装正确	☐	10	
2	拉杆制作	拉杆的制作精良，形状和尺寸准确，连接可靠	☐	25	
3	舵机回中	确保舵机回中	☐	10	
4	操纵系统	舵面、拉杆、舵机连接正确	☐	20	
5	设备连接	电机、电调、接收机、电池等设备连接正确	☐	25	
6	美观程度	对线路进行布局整理，安全、美观	☐	10	
合计				100	

（二）其他评价

其他评价要求见表 9-2-5。

表 9-2-5　自我评价与教师评价记录

实训项目				姓名		学号	
序号	评估项目	分值	实训要求	自我评价		教师评价	得分
1	任务完成情况	20	按要求完成任务				
2	任务完成积极性	15	尽快完成任务并提交				
3	操作规程	15	严格执行安全操作规程				
4	课堂纪律	15	遵守纪律，设备未损坏				

续表

序号	评估项目	分值	实训要求	自我评价	教师评价	得分
5	课堂参与度	15	按要求全程参与教学过程			
6	出勤	10	不迟到、不早退、不旷课			
7	6S 管理	10	主动整理现场			
			总计			
评价说明：得分＝教师评价－（"教师评价"与"自我评价"之差）						
实训总结与反思：						

任务三　系统调试

一、教学目标和要求

（1）熟悉掌握固定翼无人机的调试过程。
（2）掌握遥控器的安全使用方法。
（3）掌握无人机上电的安全规程。
（4）掌握固定翼无人机重心位置及调整方法。
（5）掌握操纵系统的调试方法。
（6）掌握飞控导航系统的调试方法。

二、任务描述

（1）课前根据任务书要求，扫描二维码进入在线课程，点击页签"调试准备"，根据要求，为调试操作做好准备。
（2）线上或者线下讨论解决课前遇到的问题，未能解决的问题进行认真总结记录，在课堂上与教师一起解决。
（3）进入在线课程，按照视频的讲解进行调试操作，如图9-3-1所示。
（4）**调试过程中禁止安装螺旋桨**，安装螺旋桨之后就具有危险性，必须在教师的指导之下才能进行通电操作。
（5）建议学时：1学时。

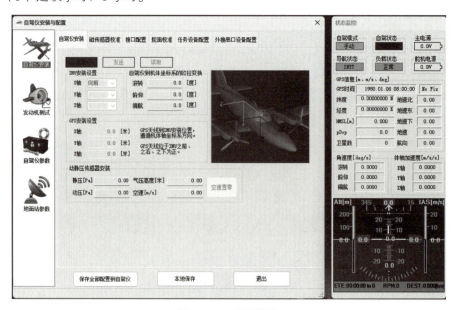

图 9-3-1　系统调试

三、课前任务

根据任务书要求完成课前任务，见表9-3-1。

表 9-3-1 "系统调试"任务书

任务名称	系统调试	班 级	
姓 名		学 号	
学习资料			
	扫左侧二维码 轻松浏览课程内容 ⬅	扫右侧二维码 参与互动并查阅详细资料 ➡	
任务要求			
1. 进入在线课程，点击页签"调试准备"，根据要求，做好课前预习。 2. 点击页签"连接准备"，根据要求，进行系统调试前的准备。 3. 将准备好的设备和工具拍照上传到在线课程进行分享讨论。 4. 将收获和遇到的问题填入下表。 5. 将填写完成的任务书拍照上传到在线课程的讨论区。 注意：调试过程中，禁止安装螺旋桨			
学习收获和问题记录			
学习收获	学习中所遇问题及解决办法		学习中未解决的问题

四、教学内容和步骤

（一）任务汇报

教师根据学生课前提交的任务情况，采用课堂活动的方式，请学生进行经验分享、问题讨论，然后教师点评指导学生解决遇到的问题。

（二）系统调试实训过程

1. 实训准备

课前按照表9-3-2做好实训准备，注意将无人机的动力电池和遥控器的电池充满电。建议充电器要选择平衡充电器，参数设置：电压选择4.2 V、电流要根据电池的充电倍率进行选择。充电过程要有专人看管，电池充满之后即停止充电，避免造成危险。

表 9-3-2　系统调试课前准备清单

序号	名称	型号	单位	数量	备注
1	无人机	"蟋蟀"	个	1	准备好自己装配的无人机
2	遥控器	6通道或以上	个	1	根据实训室条件准备
3	防爆箱	4通道或以上	个	1	存储动力电池
4	动力电池	6S10000mAH	个	1	充满电
5	控电	匹配遥控器	个	1	充满电
6	地面控制站		个	1	与飞控系统匹配
7	数传电台		套	1	与飞控系统匹配
8	电压测试仪		个	1	用于电池电压测试
9	工具箱		个	1	配备装配工具

2．动力电池的安装

扫码进入在线课程，点击页签"动力测试"，仔细观看动力调试的教学视频，根据教学视频的操作步骤和要求进行动力电池的安装，要求无人机重心位置正确，电池安装牢固。

3．电机转向确认

进入课程视频，根据视频演示进行操作，步骤和注意事项如下：

（1）遥控器通电，油门杆归零，锁定油门锁，遥控器平放。

（2）电调的数据线不连接飞控系统，直接连接上接收机第三通道，无人机通电，**注意不要安装螺旋桨**。

（3）遥控器解开油门锁，轻推油门杆检查电机转向是否正确（与所用螺旋桨匹配）。

（4）若电机转向错误，则将电调和电机的三根连线中的任意两根进行对调即可。

（5）若油门空行程过多，则进行油门行程校准操作。

4．操纵系统调试

将飞控导航系统按要求连接好，按上述步骤进入在线课程，点击页签"操纵系统调试"，根据视频演示进行操作，将"情境一"学习的知识储备"秒懂飞行原理"用于指导无人机舵面的调试，如果舵面偏转方向错误，则根据飞控系统说明书进行设置（根据您使用的飞控系统品牌）。

5．飞控、导航系统调试

进入在线课程，点击页签"飞控、导航系统调试"，根据视频演示进行操作，完成飞控、导航系统的参数设置和调试。

6．关闭电源

先关闭无人机的电源，再关闭遥控器的电源。

五、检查与评价

（一）系统调试评价

全面评价学生对系统调试过程的掌握情况，评价要求见表 9-3-3。

表 9-3-3　系统调试评价记录

班级_____ 学号_____ 姓名_____ 任课教师_____

系统调试检查					
序号	检查内容	技术要求	是否达标	分值	得分
1	重心检查	重心位置正确，机翼前缘向后 1/3 翼弦处	☐	15	
2	电池检查	电池安装牢固，不松动，不滑动	☐	15	
3	电机检查	电机转向正确（和螺旋桨匹配）	☐	15	
4	油门检查	油门空行程小或者几乎没有	☐	15	
5	舵面检查	副翼、升降舵、方向舵偏转角度和方向正确	☐	20	
6	飞控系统	能根据地面站的指令和无人机姿态做出正确响应	☐	20	
合计				100	

（二）其他评价

其他评价要求见表 9-3-4。

表 9-3-4　自我评价与教师评价记录

实训项目				姓名		学号	
序号	评估项目	分值	实训要求	自我评价	教师评价	得分	
1	任务完成情况	20	按要求完成任务				
2	任务完成积极性	15	尽快完成任务并提交				
3	操作规程	15	严格执行安全操作规程				
4	课堂纪律	15	遵守纪律，设备未损坏				
5	课堂参与度	15	按要求全程参与教学过程				
6	出勤	10	不迟到、不早退、不旷课				
7	6S 管理	10	主动整理现场				
总计							

评价说明：得分＝教师评价－（"教师评价"与"自我评价"之差）

实训总结与反思：

任务四 飞行测试

一、教学目标和要求

（1）熟悉掌握无人机的试飞过程。

（2）熟悉掌握固定翼无人机的飞行原理。

（3）掌握无人机上电的安全规程（特别重要）。

（4）掌握无人机飞行的安全规程。

（5）体验无人机的飞行过程。

二、任务描述

（1）根据任务书要求完成课前任务。

（2）线上或者线下讨论解决课前遇到的问题，未能解决的问题进行认真总结记录，在课堂上与教师一起解决。

（3）课上查看教学视频，按照视频的试飞要求和步骤进行无人机的飞行测试，如图 9-4-1 所示。

（4）建议学时：1 学时。

图 9-4-1 "蟋蟀"飞行测试

三、课前任务

根据任务书要求完成课前任务，见表 9-4-1。

表 9-4-1 "飞行测试"任务书

任务名称	飞行测试	班　级	
姓　名		学　号	
学习资料			
	扫左侧二维码 轻松浏览课程内容 ←	扫右侧二维码 参与互动并查阅详 细资料 →	
任务要求			
1. 进入在线课程，进行课前预习，完成任务测试。 2. 点击页签"飞前准备"，根据要求，做好课前准备。 3. 将准备好的设备和工具拍照上传到在线课程进行分享讨论。 4. 将收获和遇到的问题填入下表。 5. 将填写完成的任务书拍照上传到在线课程的讨论区。 6. 无人机飞行人员必须具备合法的空域和飞行资质（无人机驾照）			
学习收获和问题记录			
学习收获	学习中所遇问题及解决办法		学习中未解决的问题

四、教学内容和步骤

（一）任务汇报

教师根据学生课前提交的任务测验等情况，采用课堂活动的方式，请学生进行经验分享、问题讨论，然后教师点评指导学生解决遇到的问题。

（二）飞行测试实训

1. 飞前准备

扫码进入在线课程，点击页签"飞前准备"，如表 9-4-2 所示，按要求精心准备所需的设备和工具。同时，选择符合飞行条件的场地，确保安全无虞。

（1）参考天气预报，挑选出天气状况最佳的时间窗口，以便飞行。

（2）提前向相关部门申请并获得合法的空域使用权，确保飞行的合法性。

（3）飞行人员必须具备相应的资质，对无人机的性能和特点进行深入的了解，以便在飞行过程中能够灵活应对各种情况。

（4）与观察员之间需要建立默契的配合，确保飞行过程中的信息传递准确无误。

（5）制定详尽的应急处理预案，以应对可能出现的突发状况，确保飞行安全。

表 9-4-2　试飞条件准备清单

序号	名称	型号	单位	数量	备注
1	无人机	"蟋蟀"	个	1	自己调试好的无人机
2	遥控器	6通道或以上	个	1	根据实训室条件准备
3	防爆箱	4通道或以上	个	1	存储动力电池
4	动力电池	6S10000mAH	个	1	充满电
5	遥控器电池	匹配遥控器	个	1	充满电
6	地面控制站		个	1	与飞控系统匹配
7	数传电台		套	1	与飞控系统匹配
8	电压测试仪		个	1	用于电池电压测试
9	工具箱		个	1	配备装配工具
10	试飞场地				满足飞行测试条件
11	合法空域				申请合法空域，按空管要求进行飞行测试
12	天气条件				良好的天气条件
13	飞行员		名	1	试飞人员具备Ⅲ级固定翼无人机驾照
14	观察员		名	2	1名负责观察地面站，1名负责观察无人机和飞行环境，共同协助飞行员监控无人机飞行状态、地面站参数，观察飞行环境和地面情况，提供必要的信息和建议，确保飞行安全

所谓"飞行无小事，安全第一"，在飞行的每一个环节，都不能掉以轻心。为了确保飞行的安全与顺利，除了充分做好上述的各项准备工作之外，还必须提前制订详尽的应急处理预案，以应对可能出现的各种突发状况，做到有备无患，确保飞行安全。

2．飞前检查

在充分做好飞前准备工作后，请点击"飞前检查"页签，见表 9-4-3。请务必严格遵循"飞前检查单"所列的检查项目和顺序，逐一进行细致的检查，并确保每一项检查均达标。通过这样的细致检查，我们将为飞行安全提供坚实的保障。

表 9-4-3　飞前检查单

机身检查				
序号	检查内容	技术要求	是否达标	执行人签字
1	机体蒙皮	无开裂、无褶皱、无变形	☐	
2	机体连接处	连接正常，缝隙均匀	☐	
3	机翼、尾翼	无变形，位置角度正确	☐	
4	重心	前后位置准确，左右平衡	☐	
5	发动机座	无破损、无裂纹	☐	
6	整流罩	完整、无损坏	☐	
机械检查				
序号	检查内容	技术要求	是否达标	执行人签字
1	发动机座	螺钉完整，连接紧固	☐	
2	发动机螺旋桨	无损坏、无变形、连接紧固	☐	
3	飞机舱盖	锁定正常、合页无脱落	☐	
4	空速管	无破损、无弯曲、无堵塞	☐	
5	每个舵面表面	无开裂、无褶皱、无变形	☐	
6	每个舵面铰链	连接正常、无松动	☐	
7	舵面摆动	顺畅、无干涉	☐	
8	舵面连杆	连接紧固、无弯曲	☐	
9	舵机摇臂螺钉	已锁紧	☐	
10	舵脚	连接正常、紧固	☐	
11	舵机安装	无松动	☐	
12	螺旋桨方向	叶面方向正确、转向正确	☐	
13	空速软管	无压迫、无弯折、无脱落	☐	
14	飞控减振托架、减振球	稳固、无脱落	☐	
15	起落架	连接紧固，转向正常	☐	
电气检查				
序号	检查内容	技术要求	是否达标	执行人签字
1	电机线	连接紧固，无破损	☐	
2	电调电源线	连接紧固，无破损	☐	
3	电调数据线	连接紧固，无破损	☐	
4	飞控电插头、导线	连接紧固，无破损	☐	
5	机舱内线缆	连接紧固，无破损	☐	
6	舵机线	连接紧固，无破损	☐	
7	接收机、数传天线	方向正确	☐	
8	动力电池	电池外表正常，电压正常	☐	

3．飞行测试

在完成所有飞前检查，并确认各项指标均达标后，请点击"飞行测试"页签，参照表9-4-4的指引，遵循飞行测试流程表中所列出的顺序和要求，严格执行飞行测试。在这一过程中，观察员和飞行人员之间的默契配合至关重要，观察员需及时向飞行人员提供准确且全面的信息，以确保飞行人员能迅速作出正确的判断和处理，从而确保整个飞行过程的安全。

表 9-4-4　飞行测试流程

序号	执行内容	技术要求	是否达标	执行人签字
1	气动启动地面站	电量充足，运行正常	□	
2	无人机飞前检查	检查是否正常	□	
3	启动遥控器	电量充足，运行正常	□	
4	遥控器平放，油门锁定	保证安全，预防侧翻	□	
5	磁罗盘校准	获得正确的磁航向数据	□	
6	上传任务航线	确认上传的航点信息正确	□	
7	连接动力电	确保安全启动	□	
8	检查舵面	确认舵量和方向正确	□	
9	执行地面站软件的飞前检查	确认信息正确	□	
10	启动发动机	执行安全规程，启动正常	□	
11	地面滑跑测试	确认控制信号正确	□	
12	滑行到起飞点	注意风向和爬升空间	□	
13	起飞	油门全开，平稳爬升	□	
14	手动航线飞行	确认操作控制正确	□	
15	切入全自动模式	确认任务执行正常	□	
16	切入手动准备降落	注意进近航线选择	□	
17	降落	注意风向和接地点	□	
18	停稳后及时断开电源	确保安全	□	
19	执行飞后处理	详见下一步	□	
20	做好记录	及时总结	□	
21	设备带回实训室、下载参数	飞后处理、分析飞控日志	□	

4．飞后处理

在飞行测试圆满结束后，请您务必点击"飞后处理"页签，仔细遵循其中的步骤和要求进行飞后处理工作，如图9-4-2所示。同时，要认真进行试飞结果的分析，以便根据分析结果判断是否达到了预期的试飞目标。如果未能达成目标，建议根据分析结果进行针对性地重新装配和调试，优化无人机装调过程中存在的问题。在完成这些改进后，可以再次进行飞行测试，以确保无人机性能达到最佳状态。

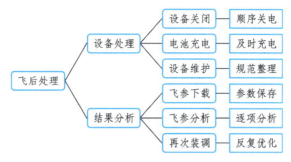

图 9-4-2　飞后处理流程

5．应急处理

1）无人机失控应急处理

（1）立即启动无人机自动返航功能。

（2）若高度不够或者自动返航功能失效，则尝试手动控制无人机安全着陆。

2）数据链中断应急处理

（2）立即启动无人机内置安全飞行模式，如自动返航等。

（2）尽快尝试恢复数据链连接，重新建立控制。

3）其他异常情况应急处理

（1）根据实际情况采取相应的应急措施，确保飞行安全。

（2）及时报告相关部门和人员，寻求支持和协助。

注：本应急预案单仅作为本无人机飞行测试的基本参考，具体飞行任务和环境需要根据实际情况进行调整和补充。

五、检查与评价

（一）飞行测试评价

全面评价学生对飞行测试过程的掌握情况，评价要求见表 9-4-5。

表 9-4-5　飞行测试评价记录

班级＿＿＿＿＿＿＿＿学号＿＿＿＿＿＿＿＿姓名＿＿＿＿＿＿＿＿任课教师＿＿＿＿＿＿＿＿					
飞行测试过程评价					
序号	检查内容	技术要求	是否达标	分值	得分
1	飞前准备	按时按表格做好准备	□	10	
2	飞前检查	按顺序按要求完成检查	□	10	
3	飞行测试	过程有序，配合默契，安全准确	□	50	
4	飞后处理	按顺序按要求完成	□	20	
5	安全操作	整个过程没有违规操作，不存在安全隐患	□	10	一票否决
合计				100	

（二）其他评价

其他评价要求见表 9-4-6。

表 9-4-6　自我评价与教师评价记录

实训项目				姓名		学号	
序号	评估项目	分值	实训要求	自我评价	教师评价	得分	
1	任务完成情况	20	按要求完成任务				
2	任务完成积极性	15	尽快完成任务并提交				
3	操作规程	15	严格执行安全操作规程				
4	课堂纪律	15	遵守纪律，设备未损坏				
5	课堂参与度	15	按要求全程参与教学过程				
6	出勤	10	不迟到、不早退、不旷课				
7	6S 管理	10	主动整理现场				
总　计							
评价说明：得分＝教师评价－（"教师评价"与"自我评价"之差）							
实训总结与反思：							

情境三　渐入佳境——新机设计

在这个日新月异的科技时代，无人机技术正以前所未有的速度改变着我们的生活与工作方式。作为高职院校的学子，你们正站在科技创新的前沿，肩负着探索未来、引领潮流的重任。本情境，我们携手踏上一段独特的旅程——共同设计一架无人机，不仅是一次知识的探索，更是实践能力的提升。

我们深知，理论学习固然重要，但工程实践才是检验真知的熔炉。因此，本章节的设计避开了繁琐的理论分析和复杂的计算迭代，转而聚焦于工程思维的培养与实际应用能力的提升。在这里，你将学会如何以工程师的视角审视无人机的每一个细节，从总体设计、结构设计到功能实现，从原理理解到实践操作，每一步都充满了挑战与机遇。

我们希望通过这次设计制作实践，你们能够深刻体会到无人机技术的魅力所在，不仅掌握其结构原理与功能特性，更能在制作、组装、调试及飞行等各个环节中展现出卓越的能力与风采。更重要的是，这种基于工程思维的学习方式，让我们对无人机的原理、结构和应用的理解更加深入，同时让我们在未来的无人机学习中更加游刃有余。

项目十　总体设计

任务一　概念设计

一、教学目标和要求

（1）了解概念设计的含义。
（2）了解概念设计阶段所用的方法。
（3）了解概念设计阶段的构型选择过程。
（4）按照任务书完成任务并按时上交作业。

二、任务描述

（1）课前根据任务书要求，进入在线课程，选择一个设计任务，或者结合设计任务书的内容和格式拟定一份任务书，准备设计一架自己喜欢的无人机。
（2）根据设计要求，研读总体布局的设计资料，完成布局设计。
（3）研读构型选择资料，完成构型选择，形成概念设计草图，格式及效果如图10-1-1所示。
（4）建议学时：2学时。

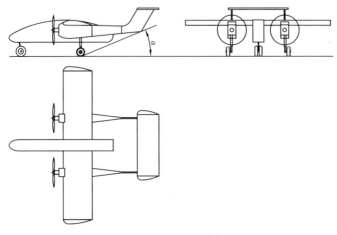

图 10-1-1　概念设计草图

三、课前任务

根据任务书要求完成课前任务，见表 10-1-1。

表 10-1-1　无人机概念设计任务书

任务名称	无人机概念设计	班　级	
姓　名		学　号	
学习资料			

	扫左侧二维码 轻松浏览课程内容 ◀	扫右侧二维码 参与互动并查阅详细资料 ▶	

任务要求

1. 班长组织大家按每组 4~6 人分组，每组设组长 1 名，将分组具体情况填写在表 10-1-2 中，并上交给教师。

2. 进入在线课程，点击页签"设计任务"，每组通过讨论选定 1 个设计任务（也可以自行拟定设计任务，提交给教师），班内不要重复。

3. 分析设计任务书，结合教学资料做好课前预习，按照本节内容为你选择的无人机做好概念设计。

4. 将收获和遇到的问题填入下表。

5. 将设计的概念图和填写完成的任务书拍照上传到在线课程的讨论区

学习收获和问题记录

学习收获	学习中所遇问题及解决办法	学习中未解决的问题

四、教学内容和步骤

（一）任务汇报

教师根据学生课前提交的任务情况，采用课堂活动的方式，请学生进行汇报，分享自己对无人机概念设计的思路以及概念草图。

（二）学生分组

根据班级人数参照表 10-1-2 进行分组，建议每组 4～6 人，分工合作，提升学生的合作能力和团队意识，进入在线课程，点击页签"设计任务"，每组通过讨论选定 1 个设计任务（也可以自行拟定设计任务，提交给教师），班内不要重复，班长按本表格式将学生分组情况和各组的任务选择填写完成发给教师。

表 10-1-2　无人机概念设计分组及任务选择

班级				项目
组别	学生	设计任务编号	设计任务名称	设计的概念图
		组内讨论选定，班内不要重复		分析设计任务书，结合教学资料做好课前预习，按照本节内容为你选择的无人机做好概念设计
1 组				
2 组				
3 组				
	表格不够，自行添加			

（三）设计任务书案例

本任务将按照表 10-1-3 所示的任务书进行设计制作。

表 10-1-3　本情境选用的任务书（示例）

一、项目背景和目标

随着无人机技术的日益成熟和应用领域的不断拓展，载荷投送无人机在军事、民用等多个领域展现出巨大的应用潜力。本项目旨在设计一款用于载荷投送的无人验证机（概念验证），以验证不同场景下实施快速、精准投送的可行性。

二、项目内容

本项目将围绕载荷投送无人机的设计展开，包括但不限于以下内容：

（1）无人机总体和结构设计，包括机体、机翼、起落架等。

（2）动力系统选择，包括发动机、电气系统等。

（3）载荷投放系统设计，包括投放机构、载荷舱等。

三、目标受众

本项目设计的载荷投送无人机面向领域包括但不限于以下目标受众：

（1）军队：用于快速投送物资、侦察、目标打击等。

（2）公安：用于投送救援物资、现场侦查等。

（3）物流：用于快递、货物运输等。

（4）农业：用于农作物运输等。

四、项目步骤

（1）概念设计：分析需求，了解同类产品现状，进行概念设计。

（2）初步设计：细化机翼、机身、尾翼等部件的设计参数，确定数字样机设计方案。

（3）建模与流体分析：通过工业软件进行样机建模与流体分析，初步判断方案的可行性。

（4）详细设计：完成无人机各系统的详细设计。

（5）原型机制作与测试：制作原型机，进行各项性能测试与优化。

五、技术要求

（1）由于是验证机方案，且项目时间很短，采用低成本、好加工材料（KT 板，厚 5 mm；椴木板，厚 3 mm；Epp 板，厚 1 mm；翼梁和起落架采用碳管）。

（2）巡航高度：500 m；巡航速度：20 m/s；发射回收方式：滑跑。

（3）投送载荷不小于尺寸 600 mm×60 mm×100 mm，载荷投放后，不能影响飞行器的气动特性。

（4）能满足复杂的起降条件，如两旁有灯杆或者树林的乡村公路。

（4）有较强的短距起降能力。

六、预期成果

（1）完成一款具备上述要求的无人机设计。

（2）完成无人机的制造与相关测试工作。

（3）积累无人机设计与制造经验，为后续产品迭代奠定基础

（四）教学内容

1. 概　述

概念设计属于无人机系统设计和研制过程中的第一个阶段，也是最重要的阶段。无人机的概念设计一般始于用户的使用要求，或者是对未来用户要求的一种预测。有时无人机的概念设计是源于一个创新的想法，在无人机全面兴起的今天，这种情况尤其多见，往往是设计者对一种"理想飞行器"的追求。

无人机概念设计阶段一般是从一张布局简图开始。这一设计阶段的主要任务是"选择"。尽管有各种评估和分析，但并没有太多的计算。过去的设计经验对这一阶段的成功起到关键的作用。因此概念设计阶段需要丰富的经验作为基础。图 10-1-2 以图

解形式说明概念设计阶段要开展的主要活动。这一阶段的基本任务是一幅描绘无人机构型的三视图，描述无人机的机翼和尾翼的几何形状、机身的外形、发动机位置、载荷、起落架位置等主要部位的布局。

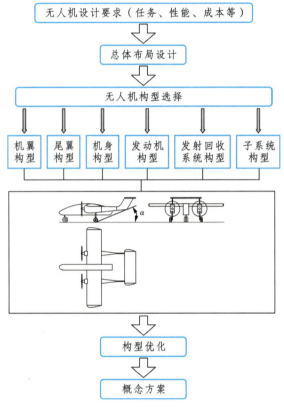

图 10-1-2　无人机概念设计过程

2．总体布局设计

扫码进入在线课程，点击页签"总体布局"，仔细研读"总体布局设计"资料，根据各种布局的优缺点，结合您选择的设计任务书的要求，参照本项目的表格形式（见表 10-1-4），完成您的总体布局设计（完成表 10-1-5 的填写），提交到在线课程的讨论区。

表 10-1-4　总体布局设计（示例）

布局类型	你的选择	任务书技术要点	选择理由
三角翼布局	□	1．载荷投送无人验证机。2．载荷投放后不影响气动特性。3．滑跑起降。4．要满足复杂的起降条件。5．有较强的短距起降能力	1．三角翼低速机动性差、操控性差。2．鸭翼操控性能不好。3．飞翼控制难度大，不适合复杂的起降条件。4．三翼面质量大，控制复杂。5．常规布局成熟，设计风险小，各项性能比较均衡，稳定性、操控性好
鸭翼布局	□		
常规布局	☑		
飞翼布局	□		
三翼面布局	□		
新概念布局	□		

表 10-1-5　总体布局设计（新设计）

布局类型	你的选择	任务书技术要点	选择理由
三角翼布局	□		
鸭翼布局	□		
常规布局	□		
飞翼布局	□		
三翼面布局	□		
新概念布局	□		
你的创意	□		

3．构型选择

确定了总体布局后，开始进行构型选择，点击页签"构型选择"，仔细研读里面的教学资料，根据构型及特点，结合您选择的设计任务书的要求，参照表 10-1-6～表 10-1-10，完成您的构型选择，提交到在线课程的讨论区。

表 10-1-6　机翼构型选择（示例）

项目	内容	本案例选择	您的设计任务选择	备注
机翼数量	单翼	☑	□	
	双翼	□	□	
	三翼	□	□	
机翼位置	上单翼	☑	□	
	中单翼	□	□	
	下单翼	□	□	
	遮阳伞式	□	□	
机翼形式	平直翼	☑	□	
	梯形翼	□	□	
	三角形	□	□	
	椭圆机翼	□	□	
前后掠	前掠翼	□	□	
	后掠翼	□	□	
增升装置	简单襟翼	☑	□	

续表

项目	内容	本案例选择	您的设计任务选择	备注
增升装置	分裂式襟翼	☐	☐	
	开缝襟翼	☐	☐	
	克鲁格襟翼	☐	☐	
	双缝襟翼	☐	☐	
	三缝襟翼	☐	☐	
	前缘襟翼	☐	☐	
	前缘缝翼	☐	☐	
后掠构型	固定后掠	☐	☐	
	可变后掠	☐	☐	
形状	固定形状	☑	☐	
	变形机翼	☐	☐	
结构构型	悬臂式	☑	☐	
	斜撑杆式	☐	☐	

表 10-1-7　机身构型选择（示例）

项目	内容		本案例选择	您的设计任务选择	备注
机身数量	单机身		☐	☐	
	双机身		☐	☐	
	单机身双尾撑		☐	☐	
	三机身双尾撑		☑	☐	
	非对称布局		☐	☐	
前机身外形要求	安装要求	发动机	☑	☐	
		任务吊舱	☐	☐	
		前起落架	☑	☐	
	视界要求	有光电设备	☑	☐	
		有雷达设备	☐	☐	
后机身外形要求	安装要求	尾翼	☑	☐	
		尾吊发动机	☐	☐	
	防擦地要求		☑	☐	

表 10-1-8　尾翼构型选择（示例）

项目	内容	本案例选择	您的设计任务选择	备注
尾翼位置	后置	☑	☐	
	前置	☐	☐	
尾翼形式	常规式	☐	☐	
	V 形尾翼	☐	☐	
	T 形尾翼	☐	☐	
	H 形尾翼	☐	☐	
	倒 V 形尾翼	☐	☐	
	倒 U 形尾翼	☑	☐	
	无尾	☐	☐	
垂尾数量	单垂尾	☐	☐	
	双垂尾	☑	☐	
	三垂尾	☐	☐	
连接形式	固定式尾翼	☑	☐	
	全动尾翼	☐	☐	
	可调节尾翼	☐	☐	

表 10-1-9　推进系统构型选择（示例）

项目	内容	本案例选择	您的设计任务选择	备注
发动机类型	电动	☑	☐	
	活塞螺旋桨	☐	☐	
	涡桨	☐	☐	
	涡扇	☐	☐	
	涡喷	☐	☐	
	火箭	☐	☐	
推拉形式	推进式	☐	☐	
	拉进式	☑	☐	
发动机数量	单发	☐	☐	
	双发	☑	☐	
	多发	☐	☐	
发动机位置	机头内	☐	☐	
	机身内	☑	☐	
	机身后段	☐	☐	
	机身背部	☐	☐	
	翼内	☐	☐	
	翼上	☐	☐	
	翼下	☐	☐	
	垂尾内	☐	☐	

表 10-1-10　发射回收系统构型选择（示例）

项目	内容	本案例选择	您的设计任务选择	备注
发射方式	火箭助推	☐	☐	
	弹射	☐	☐	
	滑跑起飞	☑	☐	
	空中发射	☐	☐	
	车载发射	☐	☐	
	手抛发射	☐	☐	
	垂直起飞	☐	☐	
回收方式	伞降回收	☐	☐	
	滑跑着陆	☑	☐	
	撞网回收	☐	☐	
	气囊减振	☐	☐	
	反推火箭	☐	☐	
	垂直降落	☐	☐	
起落架类型	前三点	☑	☐	
	后三点	☐	☐	
	自行车式	☐	☐	
	多立柱式	☐	☐	
	浮筒式	☐	☐	
起落架机构	固定式	☑	☐	
	可收放式	☐	☐	

4．概念草图

　　根据任务书的设计要求以及上述分析，初步得出无人机的草图，见表 10-1-11。您的概念草图，一定初步实现了您的设计梦想，请将您的设计收获、见解、建议和概念图发布到在线课程讨论区，大家一起讨论，您的每一次参与和反馈，都将为咱们的设计带来宝贵的启示和动力。

表 10-1-11　概念草图

本方案概念草图	您的概念草图

五、检查与评价

（一）概念设计评价

在概念设计评价环节，采取教师评价与学生互评相结合的方式。为确保评价的客观性与公正性，我们制订了明确的评价要求，具体内容详见表 10-1-12。随后，通过在线问卷的形式，引导学生依据这些要求，每人投出三票。最终，根据票数的多少来确定每个设计方案的积分，以此作为评价的依据。

表 10-1-12　概念设计评价记录

班级_____ 学号_____ 姓名_____ 任课教师_____				
概念设计评价				
序号	评价内容	技术要求	学生票数	老师票数
1	功能性	满足设计任务书中的提出的要求		
2	创新性	具有独特性和新颖性，解决了现有无人机技术或应用中的某些问题		
3	技术可行性	是否基于现有科技或合理推测的未来科技？如果设计过于超前或无法实现，是否给出了合理的解释或建议		
4	美观性	外观设计是否美观、协调		
合计				

（二）其他评价

其他评价要求见表 10-1-13。

表 10-1-13　自我评价与教师评价记录

实训项目				姓名		学号	
序号	评估项目	分值	实训要求	自我评价	教师评价	得分	
1	任务完成情况	20	按要求完成任务				
2	任务完成积极性	15	尽快完成任务并提交				
3	在线讨论	15	积极参与在线讨论				
4	课堂纪律	15	遵守纪律，设备未损坏				
5	课堂参与度	15	按要求全程参与教学过程				
6	考勤	10	不迟到、不早退、不旷课				
7	现场卫生	10	主动整理现场				
总计							
评价说明：得分 = 教师评价 -（"教师评价"与"自我评价"之差）							
实训总结与反思：							

任务二　无人机气动设计

一、教学目标和要求

（1）了解气动设计的含义。

（2）了解气动设计阶段所用的方法和设计内容。

（3）熟悉掌握翼型的选择方法。

（4）按照任务书完成任务并按时上交作业。

二、任务描述

（1）课前根据任务书要求，进入在线课程，完成学习任务和任务测验。

（2）根据设计要求，研读教学资料，完成无人机的气动设计。

（3）根据气动设计完成样机建模，进行 CFD 仿真，过程如图 10-2-1 所示。

（3）建议学时：2 学时。

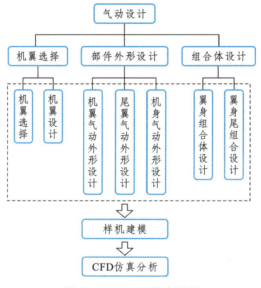

图 10-2-1　CFD 仿真过程

三、课前任务

根据任务书要求完成课前任务，见表 10-2-1。

表 10-2-1　气动设计任务书

任务名称	无人机气动设计	班　级	
姓　名		学　号	
学习资料			
	扫左侧二维码 轻松浏览课程内容	扫右侧二维码 参与互动并查阅详细资料	
任务要求			

1. 课前根据任务书要求，进入在线课程，完成学习任务和任务测验。
2. 根据设计要求，研读教学资料，初步酝酿无人机的气动设计。
3. 根据设计要求完成无人机气动设计图。
4. 将收获和遇到的问题填入下表。
5. 将气动设计图上传到在线课程的讨论区

学习收获和问题记录		
学习收获	学习中所遇问题及解决办法	学习中未解决的问题

四、教学内容和步骤

（一）任务汇报

教师根据学生课前提交的任务情况，采用课堂活动的方式，让学生进行气动设计的问题反馈、经验分享，教师总结后统一对学生进行针对性授课。

（二）教学内容

1. 翼型选择

请扫描二维码以访问在线课程平台。在平台中，请点击"翼型选择"模块，这里提供了全面的翼型选择资料。请根据您的具体设计方案，仔细阅读并精心挑选出最适合的翼型。根据本案例的设计要求，预先筛选出 5 个翼型，详细信息可参考表 10-2-2。

为了确保所选翼型与本案例高度匹配，需要进行对比分析。根据本案例设计任务书的要求，最高飞行高度为 500 m，巡航速度为 20 m/s，首轮预估平均弦长为 30 cm，计算雷诺数为 394868，如图 10-2-2 所示。请基于这一雷诺数，对表 10-2-2 中的翼型进行对比，请在教师的指导下完成表中参数的填写。

图 10-2-3 所示为各翼型的升力曲线与阻力曲线对比，可以帮助您直观地了解各翼型在此条件下的性能表现。同时，图 10-2-4 展示了升阻比曲线与俯仰力矩系数的对比情况，为您的翼型选择提供更为全面的参考。

表 10-2-2　备选翼型

翼型	相对厚度	最大厚度位置	相对弯度	最大弯度位置
NACA 4415				
NACA 6413				
NACA 65019				
NACA 23012				
Clark Y				

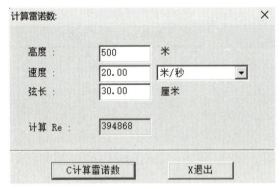

图 10-2-2　雷诺数计算

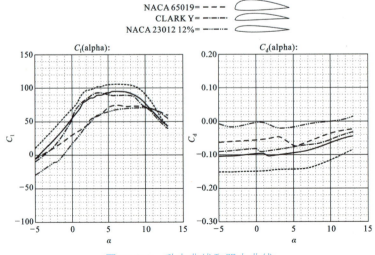

图 10-2-3　升力曲线和阻力曲线

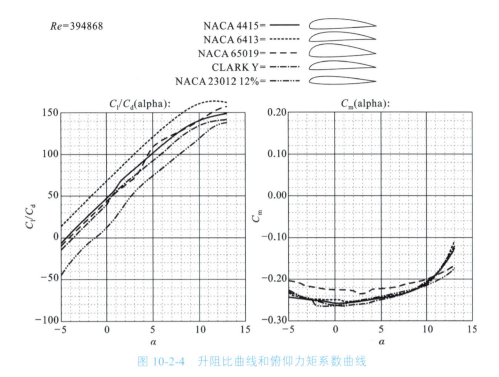

图 10-2-4　升阻比曲线和俯仰力矩系数曲线

经过仔细对比，我们发现翼型 NACA 6413 在本方案的设计条件下气动性能更优秀，而 NACA 4415 则位列其后。然而，考虑到实际制作工艺的复杂性和可行性，选择制作难度相对较低的翼型 NACA 4415 作为本方案的目标。这一选择旨在确保项目的顺利推进，同时平衡性能与制作成本的需求。

请根据上述方法，精心挑选出与您的设计方案最为契合的翼型，并填写表 10-2-3，随后，请将此表截图发布至在线课程的讨论区。同时，请分享您在选择翼型过程中的心得体会，这不仅能加深您对设计方案的理解，同时也能为其他同学提供宝贵的参考与启示。

表 10-2-3　您最终选择的翼型详情

巡航高度	巡航速度	平均弦长（预估）	所选翼型
升力曲线	阻力曲线	升阻比曲线	俯仰力矩系数曲线

2．机翼气动外形设计

请扫描二维码进入在线课程平台。在平台内直接点击"机翼外形设计"模块，里面准备了设计资料。请根据您的方案设计要求，认真研读并精心机翼气动外形。针对本案例的设计要求，需考虑重点因素：

（1）载荷运输投送：这要求无人机具备出色的稳定性和操控性。

（2）复杂的起降环境，如将在两旁有灯杆或树林的乡村公路上起降：我们选择了小展弦比平直机翼设计，这种设计能够缩短机翼长度，以适应更为苛刻的起降条件。

同时，为了进一步增强飞机的稳定性，我们采用了高置机翼设计。然而，高置机翼上反效应较强，通常需要设计下反角来平衡。但鉴于本方案中的机翼较短，决定不设计下反角。

此外，考虑到本方案的时间紧迫且需要手工制作样机，决定不进行机翼扭转设计，以确保项目的顺利进行。

希望这些说明能够帮助您更好地理解并选择合适的翼型，期待您能在课程平台上获得满意的学习成果。

3．尾翼气动外形设计

尾翼在飞行时主要负责维持俯仰和偏航方向的配平、操纵与稳定。请进入在线课程，点击"尾翼外形设计"模块，细心研读相关的设计资料。在设计过程中，务必紧密结合设计方案的要求，以确保尾翼气动外形设计的精准与高效。根据本方案的设计要求，我们选择了高平尾设计方案，能有效避免机翼气流对平尾效能的潜在影响，从而确保飞行器的稳定性和安全性。

4．机身气动外形设计

相较于有人机，无人机的机身设计显得相对简洁，因为它无须考虑座舱以及与驾驶员相关的各种部件。然而，这并不意味着无人机的机身设计可以忽视一般机身设计的基本原则。在开始设计之前，请进入在线课程并点击"机身外形设计"模块，深入研读相关的设计资料，然后结合具体的设计任务要求进行设计。

鉴于本方案要求无人机在复杂条件下进行起降，我们决定采用三机身双尾撑的设计。主机身将用于安置载荷舱，而侧机身内部用于发动机和起落架的设计。这种布局旨在扩大主起落架之间的间距，使无人机在起降时能够允许更大的侧倾角。不仅提高了无人机在复杂环境下的起降能力，还增强了其使用灵活性。

5．气动设计图

基于上述的设计方案，已完成了详细的气动设计图，如图 10-2-5 所示，为样机建模奠定了基础。我们相信，您也一定已经如期完成了您的气动设计图。期待看到您的设计成果，包括您的设计收获、见解、建议以及您的设计图。您的经验和知识将对整个在线课程讨论区产生深远的影响，也将帮助其他同学拓宽视野，提升设计水平。

因此，邀请您将这些宝贵的资源分享到在线课程讨论区，让我们共同学习，共同进步。

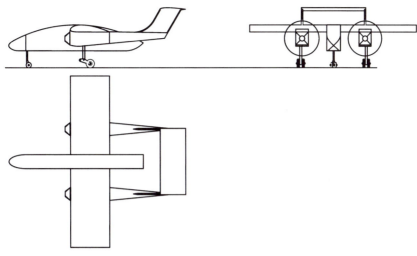

图 10-2-5　无人机气动设计图

五、检查与评价

（一）气动设计评价

本次气动设计评价将采用教师评价与学生互评相结合的方式进行。具体的评价要求详见表 10-2-4。我们将通过在线问卷的形式，邀请学生按照评价要求，每人投三票。最终，将根据票数多少进行积分统计，以确定设计的优劣。

表 10-2-4　气动设计评价记录

班级_____学号_____姓名_____任课教师_____				
气动设计评价				
序号	评价内容	技术要求	学生票数	老师票数
1	翼型设计	合理且满足方案提出的无人机的飞行需求和性能要求		
2	翼面布局	机翼、尾翼的位置、形状、大小等布局合理		
3	制造工艺性	是否易于加工、装配和调试		
4	美观性	外观设计是否美观、协调		
合计				

（二）其他评价

其他评价要求见表 10-2-5。

表 10-2-5　自我评价与教师评价记录

实训项目				姓名		学号	
序号	评估项目	分值	实训要求	自我评价	教师评价	得分	
1	任务完成情况	20	按要求完成任务				

续表

序号	评估项目	分值	实训要求	自我评价	教师评价	得分
2	任务完成积极性	15	尽快完成任务并提交			
3	在线讨论	15	积极参与在线讨论			
4	课堂纪律	15	遵守纪律，设备未损坏			
5	课堂参与度	15	按要求全程参与教学过程			
6	考勤	10	不迟到、不早退、不旷课			
7	现场卫生	10	主动整理现场			
总　计						

评价说明：得分＝教师评价－（"教师评价"与"自我评价"之差）

实训总结与反思：

任务三　样机建模与流体分析

一、教学目标和要求

（1）熟悉掌握拉伸凸台实体建模的方法。

（2）熟悉掌握拉伸切除实体建模的方法。

（3）熟悉掌握放样凸台实体建模的方法。

（4）掌握数字样机的流体分析方法。

（5）按照任务书完成任务并按时上交作业。

二、任务描述

（1）课前根据任务书要求，扫描二维码进入在线课程下载图纸，并查看相关视频介绍，以图纸为标准，以视频为参考，进行建模。

（2）线上或者线下讨论解决课前遇到的问题，未能解决的问题进行认真总结记录，在课堂上与教师一起解决。无人机建模效果如图 10-3-1 所示。

（3）建议学时：2 学时。

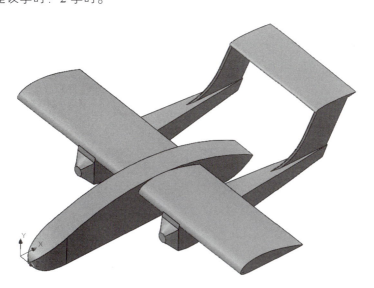

图 10-3-1　无人机建模效果

三、课前任务

根据任务书要求完成课前任务，见表 10-3-1。

表 10-3-1 "样机建模与流体分析"任务书

任务名称	样机建模与流体分析	班 级	
姓 名		学 号	

学习资料

	扫左侧二维码 轻松浏览课程内容 ←	扫右侧二维码 参与互动并查阅详 细资料 →	

任务要求

1. 课前根据任务书要求，进入在线课程，完成学习任务和任务测验。
2. 根据设计要求，研读教学资料，进一步完善设计方案的气动设计图。
3. 根据气动设计图完成样机建模，进行 CFD 仿真。
4. 将收获和遇到的问题填入下表。
5. 将您的样机建模和 CFD 仿真效果拍照上传到在线课程的讨论区

学习收获和问题记录		
学习收获	学习中所遇问题及解决办法	学习中未解决的问题

四、教学内容和步骤

（一）任务汇报

教师根据学生课前提交的任务情况，采用课堂活动的方式，请学生进行经验分享、问题讨论，然后教师点评指导学生解决遇到的问题。

（二）翼型选择与绘制

翼型的选择包括机翼、水平尾翼（垂直尾翼采用板状结构，未采用翼型结构），主要方式包括以下几种：

（1）使用 Profili 软件进行选用。

本无人机所使用的翼型是：机翼翼型选用 NACA4415，水平尾翼翼型选用 NACA0009，垂直尾翼采用板状结构，未采用翼型结构。

（2）直接使用教材中编者所提供的图纸。

（三）整机建模

1．图纸准备

扫码进入在线课程，点击"样机建模"模块，下载"整机建模图纸"和"整机建模效果"文件，如图 10-3-2 所示。

2．整机建模

根据前面所学，结合图纸，参考建模效果图，完成建模任务，建模效果如图 10-3-1 所示。

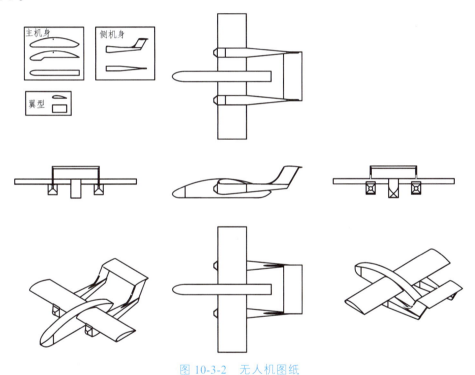

图 10-3-2　无人机图纸

（四）CFD 流体仿真分析

扫描二维码进入在线课程，点击页签"CFD 分析视频"查看，参考页签"分析效果"，观看流体仿真分析过程和方法，将自己设计的无人机模型进行 CFD 仿真分析，看看结果是否满足要求，分析效果如图 10-3-3 所示。

经过详细的 CFD 仿真分析，发现阻力偏大。为了解决这一问题，对机翼安装角进行了调整，并增加了机翼整流罩、尾翼整流罩以及发动机整流罩。优化后的图纸如图 10-3-4 所示。通过重新建模并进行仿真分析，阻力得到了显著的改善，成功达到了设计目标。

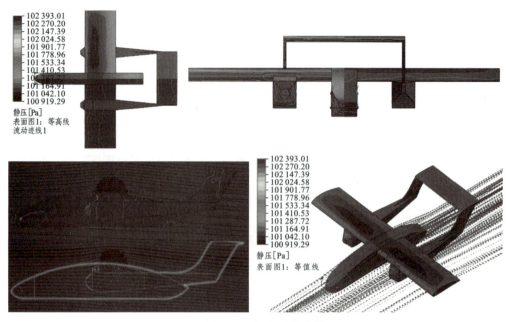

图 10-3-3　无人机气动仿真效果

注：如果读者具备风洞试验的条件，请进入在线课程，点击"风洞试验模型设计"模块，里面有关于风洞试验模型设计的内容，包括"模型设计使用标准""模型设计注意事项"和"模型尺寸的确定"等内容，以供读者参考。

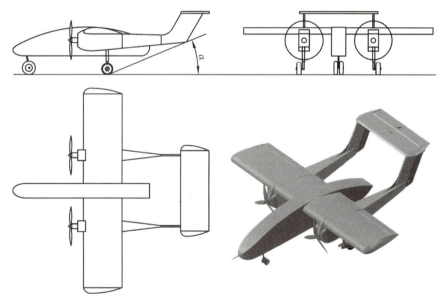

图 10-3-4　优化结果

五、检查与评价

（一）无人机整机建模评价

全面评价学生的建模情况，评价要求见表 10-3-2。

表 10-3-2　无人机整机建模评价记录

班级＿＿＿＿＿学号＿＿＿＿＿＿姓名＿＿＿＿＿＿任课教师＿＿＿＿＿＿					
建模完整度检查					
序号	检查内容	技术要求	是否达标	分值	得分
1	主机身	1个，尺寸、形状与三视图吻合	☐	20	
2	侧机身	2个，尺寸、形状与三视图吻合	☐	20	
3	机翼	1对，尺寸、形状、位置与三视图吻合	☐	30	
4	垂直尾翼	1对，尺寸、形状、位置与三视图吻合	☐	10	
5	水平尾翼	1个，尺寸、形状、位置与三视图吻合	☐	20	
合计				100	

（二）其他评价

其他评价要求见表 10-3-3。

表 10-3-3　自我评价与教师评价记录

实训项目				姓名		学号	
序号	评估项目	分值	实训要求	自我评价	教师评价	得分	
1	任务完成情况	20	按三视图要求完成任务				
2	建模积极性	15	尽快完成任务并提交				
3	在线讨论	15	在线课程上积极发帖讨论				
4	课堂纪律	15	遵守纪律，设备未损坏				
5	课堂参与度	15	按要求全程参与教学过程				
6	考勤	10	不迟到、不早退、不旷课				
7	现场卫生	10	主动整理现场				
总计							
评价说明：得分＝教师评价－（"教师评价"与"自我评价"之差）							
实训总结与反思：							

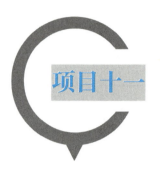

项目十一　结构设计

任务一　结构设计要求与材料

一、教学目标和要求

（1）了解无人机结构设计的基本要求。

（2）了解设计分离面和工艺分离面。

（3）掌握无人机的结构材料及其选择方法。

（4）了解无人机模块化设计的概念和方法。

（5）按照任务书完成任务并按时上交作业。

二、任务描述

（1）课前根据任务书要求，进入在线课程，完成学习任务和任务测验。

（2）研读教学资料，思考无人机的结构设计和材料。

（3）根据本任务所介绍的内容和方法，对您设计的无人机的设计分离面的确定，本案例的模块化设计效果如图 11-1-1 所示。

（4）线上或者线下讨论解决课前遇到的问题，未能解决的问题进行认真总结记录，在课堂上与教师一起解决。

（5）建议学时：2 学时。

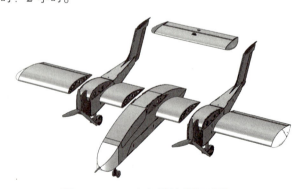

图 11-1-1　无人机模块化设计效果

三、课前任务

根据任务书要求完成课前任务，见表 11-1-1。

表 11-1-1 "结构设计要求与材料"任务书

任务名称	结构设计要求与材料	班　级	
姓　名		学　号	
学习资料			
	扫左侧二维码 轻松浏览课程内容 ←	扫右侧二维码 参与互动并查阅详 细资料 →	
任务要求			
1. 课前根据任务书要求，进入在线课程，完成学习任务和任务测验。 2. 根据设计要求，研读教学资料，思考无人机的结构设计和材料选择。 3. 根据设计要求完成无人机的设计分离面的设计，结合现实条件完成材料的选择。 4. 将收获和遇到的问题填入下表。 5. 将您的设计图上传到在线课程的讨论区			
学习收获和问题记录			
学习收获	学习中所遇问题及解决办法		学习中未解决的问题

四、教学内容和步骤

（一）任务汇报

教师根据学生课前提交的任务情况，采用课堂活动的方式，让学生进行设计分离面设计和材料选择的问题反馈、经验分享，教师总结后统一对学生进行针对性授课。

（二）教学内容

1. 设计分离面

无人机的设计分离面是指在无人机结构设计时，根据使用、运输、维护等需要，将整个飞机划分为多个独立的部件或组件。这些部件或组件之间采用可拆卸的连接方式，以便在使用和维护过程中迅速拆卸和重新安装。

无人机设计分离面的设计要从多个方面来综合考虑，主要包括结构特点与使用需求、制造工艺的规范要求、维修维护的便捷性以及转场运输的机动性等。要深入理解并掌握这些内容，通过扫描二维码来访问在线课程平台，详细研究相关的教学资料。在设计无人机时，请根据这些资料和设计要求来精细规划分离面的布局。作为参考，本案例的分离面划分方法如图 11-1-1 所示。完成设计后，请将您的无人机设计分离面的成果分享至在线课程平台，以便与其他学习者交流和学习。

2．材料选择

无人机的材料选择对于其结构设计、制造工艺、最终的产品质量以及性能具有决定性影响。选择时，需遵循涵盖强度与刚度、轻量化、工艺可行性以及经济性等方面的原则。针对特殊部位，如雷达天线的电磁透波特性或发动机尾喷管的高温环境等，还需进行特别考量。如需深入了解选择原则和方法，请扫描下方二维码进入在线课程，根据具体设计要求进行选择。

在本案例中，作为一款概念验证机，在满足性能需求的同时，充分考虑了成本、工艺以及轻量化等因素。最终选用的材料包括厚度为 5 mm 的 KT 板、3 mm 的椴木板和 1 mm 的 Epp 板。翼梁和起落架则采用碳管。后续的结构设计将紧密围绕这些材料及其尺寸展开。

五、检查与评价

为了更全面、公正地评价本节内容的学习效果，我们将结合作业提交和课堂抽查两种方式来进行。作业部分，学生需充分利用在线课程的"随堂练习"功能，完成相关设计分离面方案的练习，并将成果提交至系统。抽查环节，我们将运用在线课程的"选人"功能，随机抽取部分同学进行课堂互动，提问内容将涵盖设计分离面、材料选择等相关方面。根据学生的回答情况，我们将给予相应的评分，以确保评价的客观性和准确性。通过这种综合评价方式，我们期望能够更好地了解学生的学习状况，为后续教学提供有用的参考。

任务二　机翼结构设计

一、教学目标和要求

（1）了解无人机机翼结构设计的基本方法。

（2）通过设计掌握机翼结构设计的基本理论。

（3）掌握无人机机翼的结构材料及其选择方法。

（4）提高机翼结构设计的实践能力。

（5）培养学生的实践能力和创新意识。

二、任务描述

（1）课前根据任务书要求，进入在线课程，完成学习任务和任务测验。

（2）研读教学资料，思考无人机机翼的结构设计和材料。

（3）根据本节所介绍的内容和方法，对无人机机翼结构进行设计，本案例的机翼设计效果如图11-2-1所示。

（4）线上或者线下讨论解决课前遇到的问题，未能解决的问题进行认真总结记录，在课堂上与教师一起解决。

（5）建议学时：2学时。

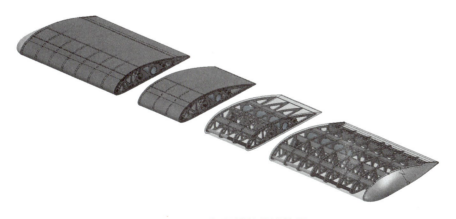

图 11-2-1　机翼结构设计效果

三、课前任务

根据任务书要求完成课前任务，见表11-2-1。

表 11-2-1　机翼结构设计任务书

任务名称	机翼结构设计	班　级	
姓　名		学　号	
学习资料			
	扫左侧二维码 轻松浏览课程内容 ◀	扫右侧二维码 参与互动并查阅详细资料 ▶	
任务要求			
1. 课前根据任务书要求，进入在线课程，完成学习任务和任务测验。 2. 根据设计要求，研读教学资料，初步酝酿无人机的机翼结构设计。 3. 根据设计要求完成无人机机翼结构设计图。 4. 将收获和遇到的问题填入下表。 5. 将机翼结构设计图上传到在线课程的讨论区			
学习收获和问题记录			
学习收获	学习中所遇问题及解决办法		学习中未解决的问题

四、教学内容和步骤

（一）任务汇报

教师根据学生课前提交的任务情况，采用课堂活动的方式，让学生进行机翼结构设计的问题反馈、经验分享，教师总结后统一对学生进行针对性授课。

（二）教学内容

1. 机翼参数

扫描二维码，访问在线课程平台。在此，提供了关于机翼设计的相关资料，旨在助您深入理解并确定机翼的相关参数。尽管本书的重点在于工程实践和应用，但在线课程中也为感兴趣的读者准备了关于计算的详细讲解。请研读学习资料，根据设计要求进行机翼参数的设计，本案例的机翼的平面形状和尺寸如图 11-2-2 所示，仅供参考。

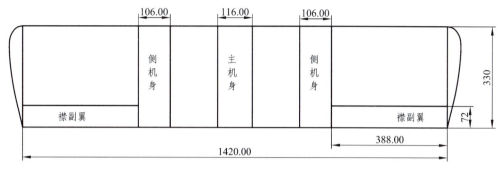

图 11-2-2　机翼平面形状和尺寸

2．机翼结构设计

以本案例为参照，机翼的蒙皮、桁条和翼肋均选用 5 mm 厚的 KT 板材料，加强翼肋用 3 mm 厚的椴木板。翼梁则选用直径为 10 mm 的碳管，确保整体结构的坚固与轻便。在机翼设计过程中，运用 Profili 软件，首先输入精确的翼型和机翼参数，然后设置桁条、镂空及翼梁的位置和尺寸（见图 11-2-3），设计出的翼肋形状，如图 11-2-4 所示。

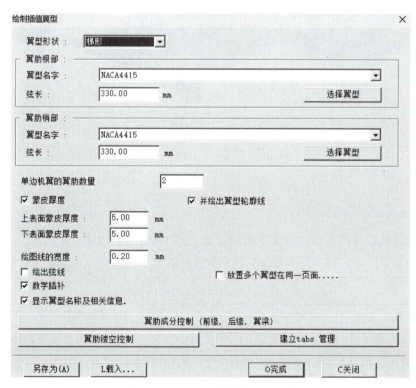

图 11-2-3　Profili 软件设计翼肋

图 11-2-4　翼肋设计效果

经过设计，桁条、纵墙、翼梁等零部件组装在一起，形成了完整的机翼结构，包括内翼段、外翼段和副翼。如图 11-2-5 所示，图中蒙皮部分做了透明处理，内部结构清晰可见。

请分享您的机翼设计成果，上传到在线课程讨论区，让我们一同欣赏您的创意和才华。同时，也期待您分享在设计过程中的收获和经验，无论是遇到的挑战、解决问题的方法，还是获得的灵感和启发，都将成为大家共同进步的重要财富。

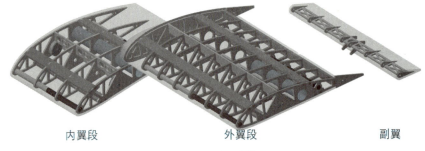

内翼段　　　　　　外翼段　　　　　　副翼

图 11-2-5　设计效果

五、检查与评价

（一）机翼结构设计评价

机翼结构设计的评价指标详见表 11-2-2。我们将通过在线问卷的形式，邀请学生按照评价要求，每人投三票。最终，将根据票数进行积分统计，以确定设计的优劣。

表 11-2-2　机翼结构设计评价记录

班级_____ 学号_____ 姓名_____ 任课教师_____				
序号	评价内容	技术要求	学生票数	老师票数
1	翼肋设计	形状和数量满足设计强度，满足设计要求		
2	桁条布局	位置、形状、数量等布局合理		
3	机翼参数	满足设计要求		
4	完整性	所有零部件齐全，装配准确		
合计				

（二）其他评价

其他评价要求见表 11-2-3。

表 11-2-3　自我评价与教师评价记录

实训项目				姓名		学号	
序号	评估项目	分值	实训要求	自我评价	教师评价	得分	
1	任务完成情况	20	按要求完成任务				
2	任务完成积极性	15	尽快完成任务并提交				
3	在线讨论	15	积极参与在线讨论				
4	课堂纪律	15	遵守纪律，设备未损坏				
5	课堂参与度	15	按要求全程参与教学过程				
6	考勤	10	不迟到、不早退、不旷课				
7	现场卫生	10	主动整理现场				
	总　计						
评价说明：得分＝教师评价－（"教师评价"与"自我评价"之差）							
实训总结与反思：							

任务三　机身结构设计

一、教学目标和要求

（1）了解无人机机身结构设计的基本方法。

（2）通过设计掌握机身结构设计的基本理论。

（3）掌握无人机机身的结构材料及其选择方法。

（4）提高机身结构设计的实践能力。

（5）培养学生的实践能力和创新意识。

二、任务描述

（1）课前根据任务书要求，进入在线课程，完成学习任务和任务测验。

（2）研读教学资料，思考无人机机身的结构设计和材料。

（3）根据本任务所介绍的内容和方法，对无人机进行机身结构设计，本案例的机身设计效果如图 11-3-1 所示。

（4）线上或者线下讨论解决课前遇到的问题，未能解决的问题进行认真总结记录，在课堂上与教师一起解决。

（5）建议学时：2 学时。

图 11-3-1　机身结构设计效果

三、课前任务

根据任务书要求完成课前任务，见表 11-3-1。

表 11-3-1 "机身结构设计"任务书

任务名称	机身结构设计		班 级	
姓 名			学 号	
学习资料				
	扫左侧二维码 轻松浏览课程内容 ←	扫右侧二维码 参与互动并查阅详细资料 →		
任务要求				
1. 课前根据任务书要求,进入在线课程,完成学习任务和任务测验。 2. 根据设计要求,研读教学资料,初步酝酿无人机的机身结构设计。 3. 根据设计要求完成无人机机身结构设计图。 4. 将收获和遇到的问题填入下表。 5. 将机身结构设计图上传到在线课程的讨论区				
学习收获和问题记录				
学习收获	学习中所遇问题及解决办法		学习中未解决的问题	

四、教学内容和步骤

(一)任务汇报

教师根据学生课前提交的任务情况,采用课堂活动的方式,让学生进行机身结构设计的问题反馈、经验分享,教师总结后统一对学生进行针对性授课。

(二)教学内容

1. 主机身设计

扫描二维码访问在线课程平台。平台内提供了机身设计资料,请认真研读这些资料,并根据您的具体设计要求进行机身设计。

本案例的无人机专注于载荷投送任务,根据任务书中的要求,载荷舱的尺寸不得小于 $600 \text{ mm} \times 60 \text{ mm} \times 100 \text{ mm}$。同时,任务书还明确指出,载荷投放后不得对无人机的气动特性造成任何影响。为此，我们进行了以下设计考虑：

为简化设计并提高效率，决定采用载荷舱整体投送的方式，而非使用舱门开闭方式投送。这种设计选择即使投送过程简单快速，但投送后机身的气动外形就发生了改变。为了满足投放后不影响气动特性的要求，我们做了如图 11-3-2 所示的设计。此外，图 11-3-3 对比了投送前后主机身的气流流动轨迹，从图中可以清晰地看到，即使在投放载荷后，主机身的气动特性依然保持稳定，完全满足了任务书的要求。

结合您的设计需求，将你的设计成果分享到在线课程，以供大家学习讨论。

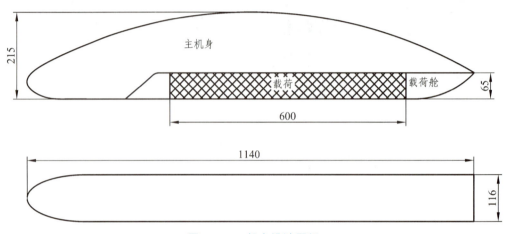

图 11-3-2　机身设计图纸

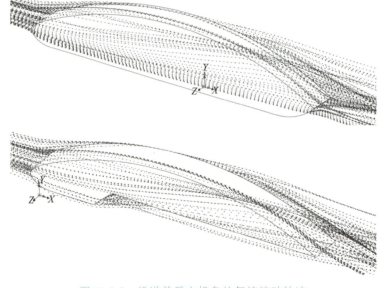

图 11-3-3　投送前后主机身的气流流动轨迹

2．侧机身设计

同样地，侧机身的设计也经历了不断地优化与改进。其中，发动机整流罩的改进尤为显著。要设计动力系统部分，需先选择合适的发动机，不同类型的发动机适用范围如图 11-3-4 所示。根据本项目的设计要求，选择电动机，根据推重比要求，最终选定外转子无刷电机 2820KV920，配螺旋桨 1365（正反桨），电子调速器选用 60A6S。

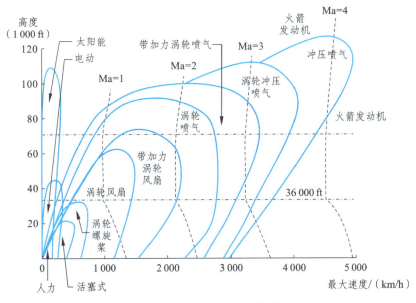

图 11-3-4　发动机适用范围

动力配置确定之后，开始设计优化发动机整流罩，如图 11-3-5 所示。通过对比整流罩改进过程的流线图，可以清晰地看到阻力的逐渐减小以及发动机散热效果的持续提升。这些改进不仅提升了整体性能，还进一步彰显了飞行器设计要求对细节的关注与追求。

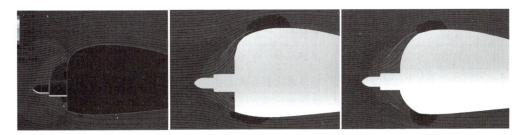

图 11-3-5　发动机整流罩改进过程的流线图对比

3．机身结构设计

与机翼相似，机身的蒙皮也选用了 5 mm 厚的 KT 板材料，以提供足够的结构强度和稳定性。而隔框和桁条则采用了 3 mm 厚的椴木板以提高强度。为了确保机身与机翼之间的连接更加牢固可靠，还在连接部分使用了碳管进行加强，以承受更大的应力。主机身和侧机身的结构设计，如图 11-3-1 所示，也请将您的机身设计成果分享到在线课程讨论区。

五、检查与评价

（一）机身结构设计评价

机身结构设计的评价指标详见表 11-3-2。我们将通过在线问卷的形式，邀请学生按照评价要求，每人投三票。最终，将根据票数多少进行积分统计，以确定设计的优劣。

表 11-3-2　机身结构设计评价记录

班级_____　学号_____　姓名_____　任课教师_____					
序号	评价内容	技术要求		学生票数	老师票数
1	功能设计	机身功能满足设计任务书要求			
2	隔框、桁条布局	位置、形状、数量等布局合理			
3	机身参数	满足设计要求			
4	完整性	所有零部件齐全，装配准确			
合计					

（二）其他评价

其他评价要求见表 11-3-3。

表 11-3-3　自我评价与教师评价记录

实训项目				姓名		学号	
序号	评估项目	分值	实训要求	自我评价		教师评价	得分
1	任务完成情况	20	按要求完成任务				
2	任务完成积极性	15	尽快完成任务并提交				
3	在线讨论	15	积极参与在线讨论				
4	课堂纪律	15	遵守纪律，设备未损坏				
5	课堂参与度	15	按要求全程参与教学过程				
6	考勤	10	不迟到、不早退、不旷课				
7	现场卫生	10	主动整理现场				
总计							
评价说明：得分＝教师评价－（"教师评价"与"自我评价"之差）							
实训总结与反思：							

任务四　尾翼结构设计

一、教学目标和要求

（1）了解无人机尾翼结构设计的基本方法。
（2）通过设计掌握尾翼结构设计的基本理论。
（3）掌握无人机尾翼的结构材料及其选择方法。
（4）提高尾翼结构设计的实践能力。
（5）学生的实践能力和创新意识。

二、任务描述

（1）课前根据任务书要求，进入在线课程，完成学习任务和任务测验。
（2）研读教学资料，思考无人机尾翼的结构设计和材料；
（3）根据本任务所介绍的内容和方法，对无人机尾翼结构进行设计，本案例的尾翼设计效果如图 11-4-1 所示（本案例中垂直尾翼和侧机身设计为组合体，所以只有水平尾翼）。
（4）线上或者线下讨论解决课前遇到的问题，未能解决的问题进行认真总结记录，在课堂上与教师一起解决。
（5）建议学时：2 学时。

图 11-4-1　尾翼结构设计效果

三、课前任务

根据任务书要求完成课前任务，见表 11-4-1。

表 11-4-1 "尾翼结构设计"任务书

任务名称	尾翼结构设计	班　级	
姓　名		学　号	
学习资料			

	扫左侧二维码 轻松浏览课程内容	扫右侧二维码 参与互动并查阅详细资料	

任务要求

1. 课前根据任务书要求，进入在线课程，完成学习任务和任务测验。
2. 根据设计要求，研读教学资料，初步酝酿无人机的尾翼结构设计。
3. 根据设计要求完成无人机尾翼结构设计图。
4. 将收获和遇到的问题填入下表。
5. 将尾翼结构设计图上传到在线课程的讨论区

学习收获和问题记录

学习收获	学习中所遇问题及解决办法	学习中未解决的问题

四、教学内容和步骤

（一）任务汇报

教师根据学生课前提交的任务情况，采用课堂活动的方式，让学生进行尾翼结构设计的问题反馈、经验分享，教师总结后统一对学生进行针对性授课。

（二）教学内容

1.尾翼平面形状设计

扫描二维码访问在线课程平台。在平台中，我们特别准备了尾翼设计的资料，请您务必仔细阅读这些资料，并依据您具体的设计需求进行尾翼的精心设计。

如前所述，本案例的无人机采用三机身双尾撑设计。因此，所以垂直尾翼和侧机身作为组合体进行设计，在此，将主要聚焦于水平尾翼的设计。根据前面设计的机翼参数进行尾容量计算，并依据控制要求完成升降舵的参数设计。水平尾翼的设计如图11-4-2 所示。

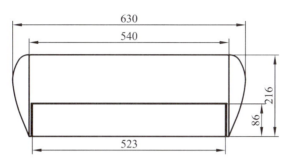

图 11-4-2　水平尾翼平面图参数

为了提高无人机飞行控制的可靠性，可以考虑将升降舵分为两段进行独立设计。每一段升降舵均由一个单独的舵机进行控制，如图 11-4-3 所示。这样的设计并未改变升降舵的总面积，因此不会对无人机的控制和配平效率产生任何影响。

这种分段设计的优势在于，当其中一个舵机在飞行过程中出现故障时，另一个升降舵仍能正常工作，从而确保无人机能够维持飞行。这种设计是基于航空器设计的备份原则，旨在提高系统的安全冗余性，可有效避免因单一部件故障而导致的飞行事故。

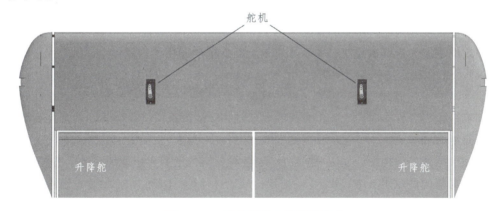

图 11-4-3　升降舵的冗余设计方案

2．尾翼翼型选择

尾翼翼型的选择是一个综合考量过程，主要基于无人机的性能需求、特定的飞行环境以及结构强度等关键因素。在众多翼型中，NACA 对称翼型因其卓越的减阻特性而备受青睐，被广泛应用于水平尾翼和垂直尾翼的设计中。这种翼型不仅能够有效维持结构强度与稳定性，而且能够显著减小风阻，进而提升无人机的飞行效率。

在本案例中，将 NACA0009 和 NACA0012 两种翼型作为尾翼设计的备选方案。同时，鉴于本案例无人机采用的是三机身双尾撑、高平尾设计，水平尾翼除了常规的配平、控制功能外，还承担着增强无人机整体结构刚度和抗振性能的重要角色，在权衡了设计强度、刚度以及飞行效率等多方面的因素后，决定选择 NACA0012 作为尾翼翼型。这种翼型能够更好地满足本案例无人机的特定需求，确保其在复杂的飞行环境中表现出色，如图 11-4-4 所示。

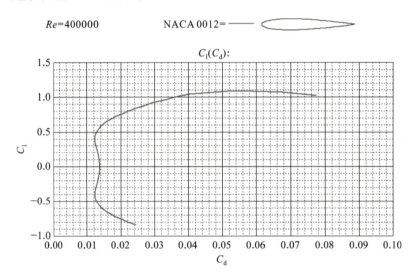

图 11-4-4　NACA0012 翼型及其极曲线

3．尾翼结构设计

尾翼的设计在很多方面与机翼有相似之处，然而，其相对厚度较小，所承受的应力也相对较低。因此，尾翼的蒙皮选用 1 mm 厚的 Epp 板材料，这种材料既轻便又具备一定的强度，能够满足尾翼的基本需求。而在翼肋和桁条的制作上，则选用 5 mm 的 KT 板，以确保结构刚度更好。

为了进一步提升尾翼的强度，加强翼肋我们选用了 3 mm 厚的椴木板，能够很好地与 KT 板结合，共同构成一个更好的尾翼结构。尾翼翼梁选用碳管，碳管具有出色的承重能力和稳定性，能够承受尾翼在飞行过程中可能产生的较大应力。

整个尾翼的结构设计如图 11-4-1 所示，各种材料的选择和搭配都经过了仿真验证，以确保尾翼的性能能够达到要求。我们期待您的精彩发挥与创作，希望看到您独具匠心的尾翼设计成果。同时，也请您将您的设计成果分享到在线课程讨论区，与大家共同交流和学习，共同进步。

五、检查与评价

（一）尾翼结构设计评价

尾翼结构设计的评价指标详见表 11-4-2。我们将通过在线问卷的形式，邀请学生按照评价要求，每人投三票。最终，将根据票数多少进行积分统计，以确定设计的优劣。

表 11-4-2　尾翼结构设计评价记录

序号	评价内容	技术要求	学生票数	老师票数
\multicolumn{5}{l}{班级_____学号_____姓名_____任课教师_____}				
1	功能设计	尾翼设计满足设计任务书要求		
2	隔框、桁条布局	位置、形状、数量等布局合理		
3	尾翼参数	满足设计要求		
4	完整性	所有零部件齐全，装配准确		
合计				

（二）其他评价

其他评价要求见表 11-4-3。

表 11-4-3　自我评价与教师评价记录

序号	评估项目	分值	实训要求	自我评价	教师评价	得分
\multicolumn{7}{l}{实训项目　　　　　　　　姓名　　　　学号}						
1	任务完成情况	20	按要求完成任务			
2	任务完成积极性	15	尽快完成任务并提交			
3	在线讨论	15	积极参与在线讨论			
4	课堂纪律	15	遵守纪律，设备未损坏			
5	课堂参与度	15	按要求全程参与教学过程			
6	考勤	10	不迟到、不早退、不旷课			
7	现场卫生	10	主动整理现场			
总计						

评价说明：得分＝教师评价－（"教师评价"与"自我评价"之差）

实训总结与反思：

任务五 起落架结构设计

一、教学目标和要求

（1）了解无人机起落架设计的基本方法。

（2）通过设计掌握起落架结构设计的基本理论。

（3）掌握无人机起落架的结构材料及其选择方法。

（4）提高起落架结构设计的实践能力。

（5）培养学生的实践能力和创新意识。

二、任务描述

（1）课前根据任务书要求，进入在线课程，完成学习任务和任务测验。

（2）研读教学资料，思考无人机起落架的结构设计和材料。

（3）根据本任务所介绍的内容和方法，对无人机进行起落架结构设计，本案例的起落架设计效果见如图 11-5-1 所示。

（4）线上或者线下讨论解决课前学习过程中遇到的问题，未能解决的问题进行认真总结记录，在课堂上与教师一起解决。

（5）建议学时：2 学时。

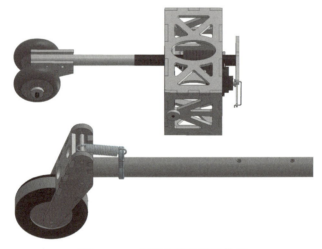

图 11-5-1　起落架结构设计效果

三、课前任务

根据任务书要求完成课前任务，见表 11-5-1。

表 11-5-1 "起落架结构设计" 任务书

任务名称	起落架结构设计	班 级	
姓 名		学 号	

学习资料			
	扫左侧二维码 轻松浏览课程内容	扫右侧二维码 参与互动并查阅详 细资料	

任务要求

1. 课前根据任务书要求，进入在线课程，完成学习任务和任务测验。
2. 根据设计要求，研读教学资料，初步酝酿无人机的起落架结构设计。
3. 根据设计要求完成无人机起落架结构设计图。
4. 将收获和遇到的问题填入下表。
5. 将起落架结构设计图上传到在线课程的讨论区

学习收获和问题记录		
学习收获	学习中所遇问题及解决办法	学习中未解决的问题

四、教学内容和步骤

（一）任务汇报

教师根据学生课前提交的任务情况，采用课堂活动的方式，让学生进行起落架结构设计的问题反馈、经验分享，教师总结后统一对学生进行针对性授课。

（二）教学内容

1．起落架高度设计

起落架的高度设计在无人机整体结构设计中占据着重要的地位。这一设计不仅影响着无人机的起降性能，还直接关系到其在不同地形和环境下起降的稳定性和安全性。因此，在进行起落架高度设计时，需要综合考虑多个关键因素。

（1）起落架的高度需要满足无人机的起降要求。这包括确保无人机在起降过程中与地面保持适当的距离，以避免在不平坦的地面上发生擦碰或损伤。同时，起落架的高度还应考虑无人机的重心位置，确保在起降和飞行过程中无人机都能保持稳定的姿态。

（2）起落架的高度设计还需要考虑无人机的使用环境。例如，在山地、沙滩等复杂地形中，较高的起落架可以确保无人机与地面保持足够的距离，防止被地面的障碍物或松软土壤所困。而在平坦的硬质地面上，起落架的高度则可以相对较低，以优化无人机的稳定性和飞行效率。

（3）起落架的高度还需要与无人机的整体结构相协调。这包括确保起落架与机身、机翼等部件之间的连接稳固可靠，以及避免在飞行过程中因起落架高度不当而导致的气流干扰或结构振动等问题。

（4）起落架的高度设计还需要考虑到制造、维修和运输的便利性。过高的起落架可能会增加制造难度和成本，而过低的起落架则可能不利于无人机的维修和运输。因此，需要在满足无人机性能要求的前提下，尽可能选择易于制造、维修和运输的起落架高度。

本案例的无人机需要在复杂的环境中起降，所以螺旋桨离地面的安全高度要设计得高一些。高起落架容易导致无人机重心偏高而影响滑跑过程中的稳定性，所以起落架之间的距离设计得较大。本案例的后三点式起落架设计方案如图 11-5-2 所示。

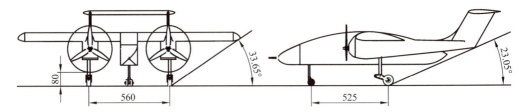

图 11-5-2　起落架设计方案

2.起落架结构设计

起落架结构设计具体要考虑以下内容：

1）承重设计

起落架必须能够承受飞机在起飞、着陆以及地面运行过程中的重量和冲击载荷。

2）减振设计

减振装置是起落架的重要部分，用于减轻飞机在起降时的冲击力，保护无人机的安全。

3）收放机构设计

对于可收放式起落架，收放机构的设计至关重要。收放机构必须稳定可靠，能够快速且安全地放下和收起起落架。同时，还需要考虑收放过程中的安全性，确保在收放过程中不会发生意外情况。本案例考虑到低速飞行和验证机性质，未做收放机构设计。

4）维护性与可靠性设计

起落架结构设计要考虑其维护性和可靠性。这包括采用易于检查和更换的部件、设计合理的维修通道以及采用高品质的材料和制造工艺等，以确保起落架的长期稳定运行。

综上所述，本案例无人机的起落架结构设计不仅满足了承重、稳定性、减振等基本要求，还特别注重了经济性方面的考量。最终起落架的设计效果如图11-5-3所示，各种材料的选择与搭配均经过仿真验证，以确保起落架的性能能够充分满足预期要求。我们热切期待您的出色表现与创意设计，希望能欣赏到您匠心独运的设计成果。同时，也请您不吝分享您的设计作品分享至在线课程讨论区，与大家共同交流。

图 11-5-3 起落架结构设计效果

五、检查与评价

（一）起落架结构设计评价

起落架结构设计的评价指标详见表11-5-2。我们将通过在线问卷的形式，邀请学生按照评价要求，每人投三票。最终，将根据票数多少进行积分统计，以确定设计的优劣。

表 11-5-2 起落架结构设计评价记录

班级＿＿＿＿＿＿ 学号＿＿＿＿＿＿ 姓名＿＿＿＿＿＿ 任课教师＿＿＿＿＿＿				
序号	评价内容	技术要求	学生票数	老师票数
1	承重能力	能够承受起飞、着陆以及地面运行时的重量和冲击载荷		
2	稳定性	能确保飞机在地面滑行、转弯等动作时保持稳定		
3	减振性能	能够有效地吸收和分散冲击能量		
4	收放效率与可靠性	能够快速、平稳且可靠地完成起落架的收放动作（固定式起落架除外）		
5	维护性	易于检查和更换的部件		
6	经济性	满足性能要求的前提下，有良好的经济性		
合计				

（二）其他评价

其他评价要求见表11-5-3。

表 11-5-3　自我评价与教师评价记录

实训项目			姓名		学号	
序号	评估项目	分值	实训要求	自我评价	教师评价	得分
1	任务完成情况	20	按要求完成任务			
2	任务完成积极性	15	尽快完成任务并提交			
3	在线讨论	15	积极参与在线讨论			
4	课堂纪律	15	遵守纪律，设备未损坏			
5	课堂参与度	15	按要求全程参与教学过程			
6	考勤	10	不迟到、不早退、不旷课			
7	现场卫生	10	主动整理现场			
总 计						

评价说明：得分＝教师评价－（"教师评价"与"自我评价"之差）

实训总结与反思：

项目十二 加工制作

任务一 零件激光加工

一、教学目标和要求

（1）熟悉掌握激光切割机软件的使用方法。

（2）掌握工程图格式与激光切割机可识别格式之间的转换方法。

（3）掌握不同材料的加工功率与速度参数的设置方法。

（4）掌握激光切割机的操作技能。

（5）掌握激光切割机安全使用规范与流程。

二、任务描述

（1）参考情境一进行操作。

（2）根据要求进行零件加工，如图 12-1-1 所示。

（3）加工过程中的关键步骤可以拍照上传到在线课程的讨论区。

（4）建议学时：2 学时（课堂内完成任务安排，剩下的加工内容，建议在确保操作安全的前提下，安排在课余时间进行）。

图 12-1-1 零件激光加工

三、课前任务

根据任务书要求完成课前任务，见表 12-1-1。

表 12-1-1 "零件激光加工"任务书

任务名称	零件激光加工	班　级	
姓　名		学　号	
学习资料			
	扫左侧二维码 轻松浏览课程内容	扫右侧二维码 参与互动并查阅详细资料	
任务要求			
1. 进入在线课程，分别点击页签"KT 板零件加工""Epp 板零件加工""椴木板零件加工"，下载 "激光加工排版图"文件做好课前准备，点击页签"教学资料"，进行课前预习。 2. 以图纸为参考，根据材料的尺寸进行排版，尽可能节省材料，树立成本意识。 3. 将排版的效果图截图上传到在线课程进行分享讨论。 4. 将收获和遇到的问题填入下表。 5. 将填写完成的任务书拍照上传到在线课程的讨论区			
学习收获和问题记录			
学习收获	学习中所遇问题及解决办法		学习中未解决的问题

四、教学内容和步骤

（一）任务汇报

教师根据学生课前提交的任务情况，采用课堂活动的方式，请学生进行经验分享、问题讨论，然后教师点评指导学生解决遇到的问题。

（二）图纸排版

参考加工图纸的排版效果，引导学生进行排版，用 600 mm×900 mm 的 KT 板材料来加工零件。以节省材料、控制成本为目标，大家进行排版比拼，以能加工出零件数量的多少进行评价，最后以最优方案作为零件加工方案。

（三）激光加工过程

扫描二维码进入在线课程，认真学习激光加工的教学视频，然后根据老师的讲解和演示，使用激光加工机床进行零件的加工。在加工操作之前认真阅读机床安全操作规程，确保实训过程的安全实施。

五、检查与评价

（一）零件激光加工评价

全面评价学生对零件激光加工过程的掌握情况，评价要求见表 12-1-2。

表 12-1-2　零件激光加工评价记录

班级＿＿＿＿＿＿＿＿＿学号＿＿＿＿＿＿＿＿姓名＿＿＿＿＿＿＿＿任课教师＿＿＿＿＿＿＿＿＿					
零件加工检查					
序号	检查内容	技术要求	是否达标	分值	得分
1	成本意识	参考排版比拼的成绩	□	20	
2	加工精度	没有明显的烧蚀和收缩	□	30	
3	完成度	加工之后零件和剩料之间没有多余的连接	□	25	
4	完整度	每个零件都没有缺角和破损	□	25	
合计				100	

（二）其他评价

其他评价要求见表 12-1-3。

表 12-1-3　自我评价与教师评价记录

实训项目				姓名		学号	
序号	评估项目	分值	实训要求	自我评价	教师评价	得分
1	任务完成情况	20	按要求完成任务			
2	任务完成积极性	15	尽快完成任务并提交			

续表

序号	评估项目	分值	实训要求	自我评价	教师评价	得分
3	操作规程	15	严格执行安全操作规程			
4	课堂纪律	15	遵守纪律，设备未损坏			
5	课堂参与度	15	按要求全程参与教学过程			
6	考勤	10	不迟到、不早退、不旷课			
7	现场卫生	10	主动整理现场			
总计						

评价说明：得分＝教师评价－（"教师评价"与"自我评价"之差）

实训总结与反思：

任务二　零件 3D 打印

一、教学目标和要求

（1）熟悉掌握 3D 打印机软件的使用方法。
（2）掌握设计图格式与 3D 打印机可识别格式之间的转换方法。
（3）掌握不同材料的加工参数的设置方法。
（4）掌握 3D 打印机的操作技能。
（5）掌握 3D 打印机安全使用规范与流程。

二、任务描述

（1）课前根据任务书要求，扫描二维码进入在线课程下载图纸，并查看相关视频介绍，以图纸为标准，以视频为参考，进行零件的 3D 打印准备。
（2）线上或者线下讨论解决课前遇到的问题，未能解决的问题进行认真总结记录，在课堂上与教师一起解决。
（3）完成零件的 3D 打印如图 12-2-1 所示。
（4）建议学时：2 学时（课堂内完成任务安排，剩下的加工内容，建议在确保操作安全的前提下，安排在课余时间进行）。

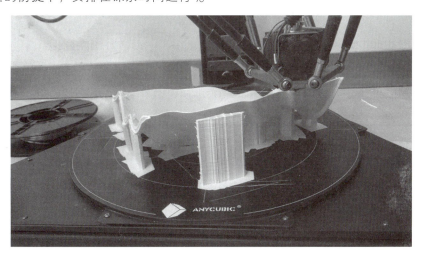

图 12-2-1　3D 打印无人机零件

三、课前任务

根据任务书要求完成课前任务，见表 12-2-1。

表 12-2-1 "零件 3D 打印"任务书

任务名称	零件 3D 打印	班　级	
姓　名		学　号	
学习资料			

	扫左侧二维码 轻松浏览课程内容 ⬅	扫右侧二维码 参与互动并查阅详细资料 ➡	

| 任务要求 | | | |

1. 进入在线课程，点击页签"加工文件"，下载"3D 打印加工文件"做好课前准备，点击页签"教学资料"，进行课前预习。
2. 完成任务测验。
3. 将收获和遇到的问题填入下表。
4. 将填写完成的任务书拍照上传到在线课程的讨论区

学习收获和问题记录

学习收获	学习中所遇问题及解决办法	学习中未解决的问题

四、教学内容和步骤

（一）任务汇报

教师根据学生课前提交的任务情况，采用课堂活动的方式，请学生进行经验分享、问题讨论，然后教师点评指导学生解决遇到的问题。

（二）图纸下载准备

扫描二维码进入在线课程，点击页签"加工图纸"下载需要进行 3D 打印的零件图。本任务需要进行 3D 打印的零件简图及数量见表 12-2-2。

表 12-2-2　零件 3D 打印的数量及要求

序号	零件名称	零件简图	打印数量	备注
1	机翼整流罩		1 对	形状对称，需要用不同图纸分别打印，如果设备不够大，可以分为两段加工
2	尾翼整流罩		2	
3	发动机整流罩		2	

（三）3D 打印加工

扫描二维码进入在线课程，点击页签"教学资料"，认真学习 3D 打印加工的教学视频，然后根据教师的讲解和演示，使用 3D 打印设备进行零件的加工，零件成品效果如图 12-2-2 所示。在加工操作之前认真阅读设备安全操作规程，确保实训过程的安全实施。

图 12-2-2　3D 打印部分零件成品效果

五、检查与评价

（一）零件 3D 打印评价

全面评价学生对零件 3D 打印加工过程的掌握情况，评价要求见表 12-2-3。

表 12-2-3　零件 3D 打印加工评价记录

班级＿＿＿＿　学号＿＿＿＿　姓名＿＿＿＿　任课教师＿＿＿＿					
零件加工检查					
序号	检查内容	技术要求	是否达标	分值	得分
1	安全意识	严格执行安全操作规程，没有安全隐患	☐	20	
2	加工精度	按照图纸形状尺寸完成，表面光滑	☐	30	
3	完成度	每个组按表 12-2-2 的零件和数量要求完成	☐	25	
4	完整度	每个零件都没有缺陷和破损	☐	25	
合计				100	

（二）其他评价

其他评价要求见表 12-2-4。

表 12-2-4　自我评价与教师评价记录

实训项目			姓名		学号	
序号	评估项目	分值	实训要求	自我评价	教师评价	得分
1	任务完成情况	20	按要求完成任务			
2	任务完成积极性	15	尽快完成任务并提交			
3	操作规程	15	严格执行安全操作规程			
4	课堂纪律	15	遵守纪律，设备未损坏			
5	课堂参与度	15	按要求全程参与教学过程			
6	考勤	10	不迟到、不早退、不旷课			
7	现场卫生	10	主动整理现场			
总计						
评价说明：得分＝教师评价－（"教师评价"与"自我评价"之差）						
实训总结与反思：						

任务三　机翼制作

一、教学目标和要求

（1）熟悉掌握机翼的内部结构。

（2）了解型架的作用。

（3）掌握 502、热熔胶等快干胶的安全使用方法。

（4）掌握热熔胶枪、螺丝刀、壁纸刀的安全使用方法。

（5）掌握机翼架的制作方法。

二、任务描述

（1）课前根据任务书要求，进入在线课程，完成学习任务和任务测验。

（2）准备机翼制作前材料和工具。

（3）线上或者线下讨论解决课前遇到的问题，未能解决的问题进行认真总结记录，在课堂上与教师一起解决。

（4）课上扫描二维码进入在线课程，查看相关视频介绍，以机翼制作效果为参考，根据视频介绍，进行机翼制作。机翼制作效果如图 12-3-1 所示。

（5）建议学时：2 学时（课堂内完成任务安排，剩下的制作内容，建议在确保操作安全的前提下，在课余时间进行）。

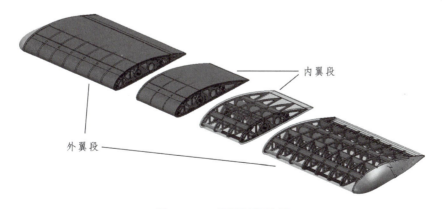

内翼段

外翼段

图 12-3-1　机翼制作效果

三、课前任务

根据任务书要求完成课前任务，见表 12-3-1。

表 12-3-1 "机翼制作" 任务书

任务名称	机翼制作	班　级	
姓　名		学　号	
学习资料			
	扫左侧二维码 轻松浏览课程内容 ←	扫右侧二维码 参与互动并查阅详细资料 →	
任务要求			
1. 进入在线课程，点击页签"制作效果"，下载"外翼段装配体""内翼段装配体"和"副翼装配体"文件做好课前准备，点击页签"教学资料"，进行课前预习。 2. 点击页签"制作准备"，根据要求，进行机翼制作前的材料准备和工具准备。 3. 将准备好的零件和工具拍照上传到在线课程进行分享讨论。 4. 将收获和遇到的问题填入下表。 5. 将填写完成的任务书拍照上传到在线课程的讨论区			
学习收获和问题记录			
学习收获	学习中所遇问题及解决办法		学习中未解决的问题

四、教学内容和步骤

（一）任务汇报

教师根据学生课前提交的任务情况，采用课堂活动的方式，请学生进行经验分享、问题讨论，然后教师点指导学生解决遇到的问题。

（二）学生分组

根据班级人数参考表 12-3-2 进行分组，建议每组 4～6 人，分工合作，提升学生的合作能力和团队意识。

表 12-3-2　无人机作分组考核表

班级				项目	加工制作		
组别	学生	制作准备（10%）	机翼制作（30%）	机身制作（30%）	尾翼制作（15%）	起落架制作（15%）	总评
		按时按要求完成制作准备，结合准备过程中个人的参与度评分	按时按要求完成机翼制作，结合制作过程中个人的参与度评分	按时按要求完成机身制作，结合制作过程中个人的参与度评分	按时按要求完成尾翼制作，结合制作过程中个人的参与度评分	按时按要求完成起落架制作，结合制作过程中个人的参与度评分	
1组							
2组							
3组							

（三）机翼制作实训

1．外翼段制作

根据表 12-3-3 和表 12-3-4 进行外翼段制作前的材料准备和工具准备。

表 12-3-3　外翼段制作零件清单

序号	零件名称	零件数量	材料	效果图
1	外翼段加强翼肋	2	椴木板	
2	外翼段翼肋	6	KT 板	
3	外翼段后墙	1	KT 板	
4	外翼段纵墙	1	椴木板	
5	纸管	1	半张 A4 纸卷制	
6	碳管（10 mm×8 mm×332 mm）	2	碳纤维	
7	外翼段桁条	4	KT 板	
8	外翼段腹板	1	椴木板	
9	T 形垫片	2	椴木板	
10	T 形螺母（M6）	1	钢材	
11	自攻钉（M2×10）	3	钢材	
12	蒙皮	1	KT 板	

表 12-3-4　机翼制作工具清单

序号	名称	型号	单位	数量	示意图	备注
1	热熔胶枪	7 mm	把	1		注意安全，防止烫伤
2	热熔胶棒	7 mm	根	若干		
3	壁纸刀		把	1		注意安全，防止割伤
4	螺丝刀	十字	把	1		
5	502 胶水	1	盒	1		用于木板与木板的粘接
6	泡沫胶	1	盒	1		用于蒙皮粘接（可用热熔胶）
7	专用型架（选）		个	2		在线课程提供图纸，读者可以自己制作，也可不用，只是精度控制难度加大

扫描二维码进入在线课程，并点击"制作效果"页签，可以下载外翼段装配体文件。请务必认真查看文件中各零件之间的关系，以便理解外翼段的构造。然后，点击"教学资料"页签，观看相关的教学资料和教学视频。在制作过程中，注意区分外翼段的左右对称性，效果如图 12-3-2 所示。

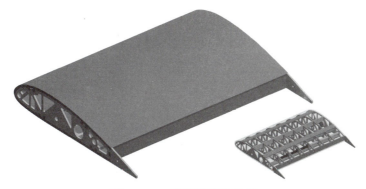

图 12-3-2　外翼段制作效果

2．内翼段制作

根据表 12-3-4 和表 12-3-5 进行内翼段制作前的材料准备和工具准备。

表 12-3-5　内翼段制作零件清单

序号	零件名称	零件数量	材料	效果图
1	内翼段翼肋	4	椴木板	
2	内翼段纵墙	2	椴木板	
3	纸管	1	半张 A4 纸卷制	
4	碳管（10 mm×8 mm×168 mm）	2	碳纤维	
5	外翼段桁条	4	KT 板	
6	T 形垫片	4	椴木板	
7	T 形螺母（M6）	2	钢材	
8	自攻钉（M2×10）	6	钢材	
9	蒙皮	1	KT 板	

　　扫描二维码访问在线课程平台，进入后点击"制作效果"页签，下载"内翼段装配体"文件。仔细研究文件中各零件之间的位置关系，以深入理解内翼段的构造。根据"教学资料"页面的教学资料和演示视频，进行内翼段的制作，效果如图 12-3-3 所示。

图 12-3-3　内翼段制作效果

3. 副翼制作

根据表 12-3-4 和表 12-3-6 进行副翼制作前的材料准备和工具准备。

表 12-3-6　副翼段制作零件清单

序号	零件名称	零件数量	材料	效果图
1	副翼舵角	2	椴木板	
2	副翼翼肋	6	椴木板	
3	副翼桁条	1	椴木板	
4	蒙皮	1	KT 板	

扫描二维码进入在线课程，点击"制作效果"页签，下载"副翼装配体"文件，建议仔细研究文件中各个零件之间的相互关系，这将有助于更深入地理解副翼的构造原理。随后，请点击"教学资料"页签，根据教学资料和教学视频，完成副翼的制作。副翼制作效果如图 12-3-4 所示。

图 12-3-4　副翼制作效果

五、检查与评价

（一）机翼制作评价

全面评价学生对机翼制作过程的掌握情况，评价要求见表 12-3-7。

表 12-3-7　机翼制作评价记录

班级＿＿＿＿＿＿		学号＿＿＿＿＿＿	姓名＿＿＿＿＿＿	任课教师＿＿＿＿＿＿		
机翼制作检查						
序号	检查内容	技术要求	是否达标	分值	得分	
1	外翼段制作	制作精良，零件位置准确，胶接缝完整、光滑	☐	25		
2	内翼段制作	制作精良，零件位置准确，胶接缝完整、光滑	☐	20		
3	副翼制作	制作精良，零件位置准确，胶接缝完整、光滑	☐	15		
4	完成度	零件数量完整，所有胶接接缝满足要求	☐	10		
5	重量	满足前面要求的情况下，质量越轻越好	☐	10		
6	安全操作	严格执行安全规程，无违规操作	☐	20		
合计				100		

（二）其他评价

其他评价要求见表 12-3-8。

表 12-3-8　自我评价与教师评价记录

实训项目				姓名		学号	
序号	评估项目	分值	实训要求	自我评价	教师评价	得分	
1	任务完成情况	20	按要求完成任务				
2	任务完成积极性	15	尽快完成任务并提交				
3	操作规程	15	严格执行安全操作规程				
4	课堂纪律	15	遵守纪律，设备未损坏				
5	课堂参与度	15	按要求全程参与教学过程				
6	考勤	10	不迟到、不早退、不旷课				
7	现场卫生	10	主动整理现场				
总计							
评价说明：得分＝教师评价－（"教师评价"与"自我评价"之差）							
实训总结与反思：							

任务四　主机身制作

一、教学目标和要求

（1）熟悉掌握主机身的制作过程。
（2）熟悉掌握热熔胶枪的安全使用方法。
（3）熟悉掌握美工刀的安全使用方法。
（4）通过制作熟悉掌握机身的内部结构。

二、任务描述

（1）课前根据任务书要求，进入在线课程，完成学习任务和任务测验。
（2）准备进行机身制作的材料和工具。
（3）线上或者线下讨论解决课前遇到的问题，未能解决的问题进行认真总结记录，在课堂上与教师一起解决。
（4）课上扫描二维码进入在线课程，查看相关视频介绍，以主机身制作效果为参考，根据视频介绍，进行主机身制作。主机身制作效果如图 12-4-1 所示（包括主机身、舱门和载荷舱）。
（5）建议学时：2 学时（课堂内完成任务安排，剩下的制作内容，建议在确保操作安全的前提下，在课余时间进行）。

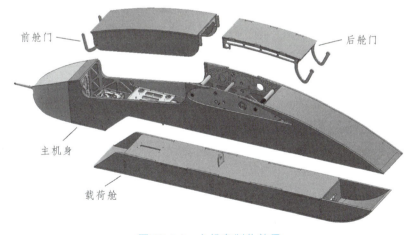

前舱门

后舱门

主机身

载荷舱

图 12-4-1　主机身制作效果

三、课前任务

根据任务书要求完成课前任务，见表 12-4-1。

表 12-4-1 "主机身制作"任务书

任务名称	主机身制作	班 级	
姓 名		学 号	
学习资料			
	扫左侧二维码 轻松浏览课程内容 ←	扫右侧二维码 参与互动并查阅详 细资料 →	
任务要求			
1. 进入在线课程，点击页签"制作效果"，下载"主机身装配体""前舱门装配体""后舱门装配体"和"载荷舱装配体"文件做好课前准备，点击页签"教学资料"，进行课前预习。 2. 点击页签"制作准备"，根据要求，进行主机身制作前的材料准备和工具准备。 3. 将准备好的零件和工具拍照上传到在线课程进行分享讨论。 4. 将收获和遇到的问题填入下表。 5. 将填写完成的任务书拍照上传到在线课程的讨论区			
学习收获和问题记录			
学习收获	学习中所遇问题及解决办法		学习中未解决的问题

四、教学内容和步骤

（一）任务汇报

教师根据学生课前提交的任务情况，采用课堂活动的方式，请学生进行经验分享、问题讨论，然后教师点评指导学生解决遇到的问题。

（二）机身制作实训过程

1. 主机身制作

根据表 12-4-2 和表 12-4-3 进行主机身制作前的材料准备和工具准备。

表 12-4-2　主机身制作零件清单

序号	零件名称	零件数量	材料	示意图
1	机头整流罩	1	3D 打印（也可 KT 板制作）	
2	机头蒙皮	2	KT 板	
3	主机身蒙皮（侧）	2	KT 板	
4	主机身侧板	2	椴木板	
5	主机身底板	1	椴木板	
6	主机身蒙皮（上）	1	KT 板	
7	主机身蒙皮（下）	1	KT 板	
8	主机身隔框	2	椴木板	
9	主机身隔框（中部）	1	椴木板	
10	起落架固定舱（立板）	2	椴木板	
11	起落架固定舱（顶板）	1	椴木板	
12	电池固定板	1	椴木板	
13	主机身加强板	2	椴木板	
14	主机身加强板（支撑）	1	椴木板	
15	机头整流罩固定座	1	椴木板	
16	碳管	4	碳纤维	3 mm×106 mm
17	碳管	1	碳纤维	3 mm×116 mm
18	碳管	2	碳纤维	10 mm×8 mm×106 mm
19	碳管	1	碳纤维	8 mm×6 mm×106 mm

表 12-4-3　主机身制作工具清单

序号	名称	型号	单位	数量	示意图	备注
1	热熔胶枪	7 mm	把	1		注意安全，防止烫伤
2	热熔胶棒	7 mm	根	若干		
3	壁纸刀		把	1		注意安全，防止割伤
4	螺丝刀	十字	把	1		
5	502 胶水	1	盒	1		用于木板与木板的粘接

　　扫描二维码访问在线课程平台，进入后点击"制作效果"页签，下载"主机身装配体"文件。仔细研究文件中各零件之间的位置关系，以深入理解主机身的构造。随后，转至"教学资料"页面，参考的教学资料和演示视频一步步制作主机身。主机身制作效果如图 12-4-2 所示。

图 12-4-2　主机身制作效果

2．载荷舱制作

　　根据表 12-4-3 和表 12-4-4 进行载荷舱制作前的材料准备和工具准备。

表 12-4-4　载荷舱制作零件清单

序号	零件名称	零件数量	材料	示意图
1	载荷舱侧板	2	KT 板	
2	载荷舱蒙皮	1	KT 板	
3	载荷舱盖板	1	KT 板	
4	投送导向板	1	椴木板	

续表

序号	零件名称	零件数量	材料	示意图
5	降落伞吊环	1	椴木板	
6	载荷舱吊环	1	椴木板	
7	载荷舱支撑板	2	KT板	

扫描二维码访问在线课程平台，进入后点击"制作效果"页签，下载"载荷舱装配体"文件。仔细研究文件中各零件之间的位置关系，以深入理解载荷舱的构造。根据"教学资料"页面的教学资料和演示视频，进行载荷舱的制作，效果如图 12-4-3 所示。

图 12-4-3　载荷舱制作效果

3．前舱门制作

根据表 12-4-3 和表 12-4-5 进行前舱门制作前的材料准备和工具准备。

表 12-4-5　前舱门制作零件清单

序号	零件名称	零件数量	材料	效果图
1	前舱门侧板	2	椴木板	
2	前舱门框架	2	椴木板	
3	前舱门支撑板	1	椴木板	
4	前舱门门座	2	椴木板	

续表

序号	零件名称	零件数量	材料	效果图
5	前舱门蒙皮（侧）	2	KT板	
6	前舱门蒙皮（上）	1	KT板	
7	自攻钉（M2×10）	4	钢材	

　　扫描二维码访问在线课程平台，进入后点击"制作效果"页签，下载"前舱门装配体"文件。仔细研究文件中各零件之间的位置关系，以深入理解前舱门的构造。根据"教学资料"页面的教学资料和演示视频，进行前舱门的制作，效果如图12-4-4所示。

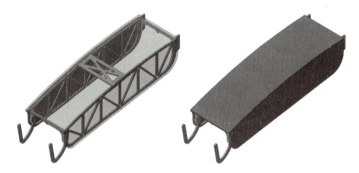

图 12-4-4　前舱门制作效果

4．后舱门制作

　　根据表12-4-3和表12-4-6进行后舱门制作前的材料准备和工具准备。

表 12-4-6　后舱门制作零件清单

序号	零件名称	零件数量	材料	效果图
1	后舱门侧板	2	椴木板	
2	后舱门框架1	1	椴木板	
3	后舱门框架2	1	椴木板	
4	后舱门蒙皮	1	KT板	

扫描二维码访问在线课程平台，进入后点击"制作效果"页签，下载"后舱门装配体"文件。仔细研究文件中各零件之间的位置关系，以深入理解后舱门的构造。根据"教学资料"页面的教学资料和演示视频，进行后舱门的制作，效果如图12-4-5所示。

图 12-4-5　后舱门制作效果

五、检查与评价

（一）主机身制作评价

全面评价学生对主机身制作过程的掌握情况，评价要求见表12-4-7。

表 12-4-7　主机身制作评价记录

班级＿＿＿＿＿＿　学号＿＿＿＿＿＿　姓名＿＿＿＿＿＿　任课教师＿＿＿＿＿＿					
主机身制作检查					
序号	检查内容	技术要求	是否达标	分值	得分
1	主机身制作	制作精良，零件位置准确，胶接缝完整、光滑	□	30	
2	载荷舱制作	制作精良，零件位置准确，胶接缝完整、光滑	□	15	
3	前舱门制作	制作精良，零件位置准确，胶接缝完整、光滑	□	15	
4	后舱门制作	制作精良，零件位置准确，胶接缝完整、光滑	□	10	
5	完成度	零件数量完整，所有胶接接缝满足要求	□	10	
6	质量	满足前面要求的情况下，质量越轻越好	□	10	
7	安全操作	严格执行安全规程，无违规操作	□	10	
合计				100	

（二）其他评价

其他评价要求见表12-4-8。

表 12-4-8 自我评价与教师评价记录

实训项目				姓名		学号	
序号	评估项目	分值	实训要求	自我评价	教师评价	得分
1	任务完成情况	20	按要求完成任务			
2	任务完成积极性	15	尽快完成任务并提交			
3	操作规程	15	严格执行安全操作规程			
4	课堂纪律	15	遵守纪律，设备未损坏			
5	课堂参与度	15	按要求全程参与教学过程			
6	考勤	10	不迟到、不早退、不旷课		.	
7	现场卫生	10	主动整理现场			
总计						

评价说明：得分 = 教师评价 −（"教师评价"与"自我评价"之差）

实训总结与反思：

任务五 侧机身制作

一、教学目标和要求

（1）熟悉掌握侧机身的制作过程。

（2）熟悉掌握热熔胶枪的安全使用方法。

（3）熟悉掌握美工刀的安全使用方法。

（4）通过制作熟悉掌握机身的内部结构。

二、任务描述

（1）课前根据任务书要求，进入在线课程，完成学习任务和任务测验。

（2）准备机身制作前的材料和工具。

（3）线上或者线下讨论解决课前遇到的问题，未能解决的问题进行认真总结记录，在课堂上与教师一起解决。

（4）课上扫描二维码进入在线课程，查看相关视频介绍，以侧机身制作效果为参考，根据视频介绍，进行侧机身制作。侧机身制作效果如图 12-5-1 所示。

（5）建议学时：2 学时（课堂内完成任务安排，剩下的制作内容，建议在确保操作安全的前提下，在课余时间进行）。

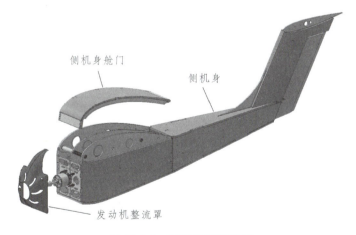

图 12-5-1　侧机身制作效果

三、课前任务

根据任务书要求完成课前任务，见表 12-5-1。

表 12-5-1 "侧机身制作"任务书

任务名称	侧机身制作		班　级	
姓　名			学　号	
学习资料				
	扫左侧二维码 轻松浏览课程内容 ←		扫右侧二维码 参与互动并查阅详 细资料 →	
任务要求				
1. 进入在线课程，点击页签"制作效果"，下载"侧机身装配体""侧机身舱门装配体"文件做好课前准备，点击页签"教学资料"，进行课前预习。 2. 点击页签"制作准备"，根据要求，进行侧机身制作前的材料准备和工具准备。 3. 将准备好的零件和工具拍照上传到在线课程进行分享讨论。 4. 将收获和遇到的问题填入下表。 5. 将填写完成的任务书拍照上传到在线课程的讨论区				
学习收获和问题记录				
学习收获	学习中所遇问题及解决办法			学习中未解决的问题

四、教学内容和步骤

（一）任务汇报

教师根据学生课前提交的任务情况，采用课堂活动的方式，请学生进行经验分享、问题讨论，然后教师点评指导学生解决遇到的问题。

（二）机身制作实训过程

1．侧机身制作

根据表 12-5-2 和表 12-5-3 进行侧机身制作前的材料准备和工具准备。

表 12-5-2　侧机身制作零件清单

序号	零件名称	零件数量	材料	效果图
1	侧机身主体骨架	1	椴木板	
2	侧机身侧板	2	椴木板	
3	发动机安装座	1	椴木板	
4	发动机座加强肋	4	椴木板	
5	舵机安装座	1	椴木板	
6	起落架安装板	10	椴木板	
7	起落架支撑梁	2	椴木板	
8	起落架安装梁	1	椴木板	
9	侧机身隔框（前）	2	椴木板	
10	侧机身隔框（中）	2	椴木板	
11	侧机身隔框（后）	2	椴木板	
12	碳管	2	碳纤维	（10 mm×8 mm×96 mm）
13	碳管	1	碳纤维	（3 mm×1.5 mm×300 mm）
14	螺栓（M3×20）	4	中碳钢	
15	螺母（M3）	4	中碳钢	
16	（左或右）侧机身蒙皮（下）	1	KT 板	

续表

序号	零件名称	零件数量	材料	效果图
17	侧机身蒙皮	2	KT 板	
18	垂尾蒙皮	2	KT 板	
19	方向舵	2	KT 板	
20	侧机身蒙皮（上）	1	KT 板	

表 12-5-3　侧机身制作工具清单

序号	名称	型号	单位	数量	示意图	备注
1	热熔胶枪	7 mm	把	1		注意安全，防止烫伤
2	热熔胶棒	7 mm	根	若干		
3	壁纸刀		把	1		注意安全，防止割伤
4	螺丝刀	十字	把	1		
5	502 胶水	1	盒	1		用于木板与木板的粘接

　　扫描二维码访问在线课程平台，进入后点击"制作效果"页签，下载"侧机身装配体"文件。仔细研究文件中各零件之间的位置关系，以深入理解侧机身的构造。随后，转至"教学资料"页面，参考教学资料和演示视频制作侧机身，侧机身制作效果如图 12-5-2 所示。

图 12-5-2　侧机身制作效果

2．侧机身舱门制作

根据表 12-5-3 和表 12-5-4 进行侧机身舱门制作前的材料准备和工具准备。

表 12-5-4　侧机身舱门制作零件清单

序号	零件名称	零件数量	材料	效果图
1	侧机身舱门骨架	2	椴木板	
2	侧机身舱门支撑	2	椴木板	
3	侧机身舱门转轴	1	碳纤维	3×106
4	侧机身舱门蒙皮	1	KT 板	

扫描二维码访问在线课程平台，进入后点击"制作效果"页签，下载"侧机身舱门装配体"文件。仔细研究文件中各零件之间的位置关系，以深入理解侧机身舱门的构造。根据"教学资料"页面的教学资料和演示视频，进行侧机身舱门的制作，效果如图 12-5-3 所示。

图 12-5-3　侧机身舱门制作效果

五、检查与评价

（一）侧机身制作评价

全面评价学生对侧机身制作过程的掌握情况，评价要求见表 12-5-5。

表 12-5-5　侧机身制作评价记录

班级＿＿＿＿＿＿＿ 学号＿＿＿＿＿＿＿ 姓名＿＿＿＿＿＿＿ 任课教师＿＿＿＿＿＿					
主机身制作检查					
序号	检查内容	技术要求	是否达标	分值	得分
1	侧机身制作	制作精良，零件位置准确，胶接缝完整、光滑	□	50	
2	侧机身舱门制作	制作精良，零件位置准确，胶接缝完整、光滑	□	20	
3	完成度	零件数量完整，所有胶接接缝满足要求	□	10	
4	重量	满足前面要求的情况下，质量越轻越好	□	10	
5	安全操作	严格执行安全规程，无违规操作	□	10	
合计				100	

（二）其他评价

其他评价要求见表12-5-6。

表12-5-6 自我评价与教师评价记录

实训项目				姓名		学号	
序号	评估项目	分值	实训要求	自我评价	教师评价	得分	
1	任务完成情况	20	按要求完成任务				
2	任务完成积极性	15	尽快完成任务并提交				
3	操作规程	15	严格执行安全操作规程				
4	课堂纪律	15	遵守纪律，设备未损坏				
5	课堂参与度	15	按要求全程参与教学过程				
6	考勤	10	不迟到、不早退、不旷课				
7	现场卫生	10	主动整理现场				
	总计						
评价说明：得分＝教师评价－（"教师评价"与"自我评价"之差）							
实训总结与反思：							

任务六　尾翼制作

一、教学目标和要求

（1）熟悉掌握尾翼的制作过程。

（2）熟悉掌握热熔胶枪的安全使用方法。

（3）熟悉掌握美工刀的安全使用方法。

（4）通过制作熟悉掌握尾翼内部的结构。

二、任务描述

（1）课前根据任务书要求，进入在线课程，完成学习任务和任务测验。

（2）准备尾翼制作的材料和工具。

（3）线上或者线下讨论解决课前遇到的问题，未能解决的问题进行认真总结记录，在课堂上与教师一起解决。

（4）课上扫描二维码进入在线课程，查看相关视频介绍，以尾翼制作效果为参考，根据视频介绍，进行尾翼制作。尾翼制作效果如图 12-6-1 所示。

（5）建议学时：2 学时（课堂内完成任务安排，剩下的制作内容，建议在确保操作安全的前提下，在课余时间进行）。

图 12-6-1　尾翼制作效果

三、课前任务

根据任务书要求完成课前任务，见表 12-6-1。

表 12-6-1 "尾翼制作"任务书

任务名称	尾翼制作	班　级	
姓　名		学　号	
学习资料			

	扫左侧二维码 轻松浏览课程内容 ←	扫右侧二维码 → 参与互动并查阅详细资料	

任务要求

1. 进入在线课程，点击页签"制作效果"，下载"水平尾翼装配体"文件、"升降舵装配体"文件做好课前准备，研读制作效果文件，结合"教学资料"，做好课前预习。

2. 点击页签"制作准备"，根据要求，进行尾翼制作前的材料准备和工具准备。

3. 将准备好的零件和工具拍照上传到在线课程进行分享讨论。

4. 将收获和遇到的问题填入下表。

5. 将填写完成的任务书拍照上传到在线课程的讨论区

学习收获和问题记录

学习收获	学习中所遇问题及解决办法	学习中未解决的问题

四、教学内容和步骤

（一）任务汇报

教师根据学生课前提交的任务情况，采用课堂活动的方式，让学生进行尾翼制作的问题反馈、经验分享，教师总结后统一对学生进行针对性授课。

（二）教学内容

1. 水平尾翼制作

根据表 12-6-2 和表 12-6-3 进行水平尾翼制作前的材料准备和工具准备。

表 12-6-2　尾翼制作零件清单

序号	零件名称	零件数量	材料	效果图
1	平尾蒙皮	1	KT 板	
2	平尾加强翼肋	1	椴木板	
3	平尾翼肋	12	KT 板	
4	平尾腹板	2	椴木板	
5	平尾桁条	2	椴木板	
6	平尾后墙	1	椴木板	
7	螺母	2	外购 M3	
8	舵机（9 g）	1	外购	
9	平尾大梁	1	碳纤维	8 mm×6 mm×543 mm
10	平尾前后梁	2	碳纤维	3 mm×543 mm

表 12-6-3　尾翼制作工具清单

序号	名称	型号	单位	数量	示意图	备注
1	热熔胶枪	7 mm	把	1		注意安全，防止烫伤
2	热熔胶棒	7 mm	根	若干		
3	502 胶水		盒	1		用于木板与木板的胶接
4	壁纸刀		把	1		注意安全，防止割伤

　　扫描二维码访问在线课程平台，进入后点击"制作效果"页签，下载"水平尾翼装配体"文件。仔细研究文件中各零件之间的位置关系，以深入理解水平尾翼的构造。随后，转至"教学资料"页面，参考的教学资料和演示视频制作水平尾翼，制作效果如图 12-6-2 所示。

图 12-6-2　水平尾翼制作效果

2．升降舵制作

根据表 12-6-3 和表 12-6-4 进行升降舵制作前的材料准备和工具准备，制作效果如图 12-6-3 所示。

表 12-6-4　升降舵制作零件清单

序号	零件名称	零件数量	材料	效果图
1	升降舵蒙皮	1	KT 板	
2	升降舵舵角	1	椴木板	
3	升降舵翼肋	12	椴木板	
4	升降舵腹板	1	椴木板	
5	升降舵转轴	2	碳纤维	3 mn×543 mm

图 12-6-3　升降舵制作效果

五、检查与评价

（一）尾翼制作评价

全面评价学生对尾翼制作过程的掌握情况，评价要求见表 12-6-5。

表 12-6-5　尾翼制作评价记录

班级＿＿＿＿＿＿　学号＿＿＿＿＿＿　姓名＿＿＿＿＿＿　任课教师＿＿＿＿＿＿					
尾翼制作检查					
序号	检查内容	技术要求	是否达标	分值	得分
1	平尾制作	制作精良，零件位置准确，胶接缝完整、光滑	□	35	
2	升降舵制作	制作精良，零件位置准确，胶接缝完整、光滑	□	25	
3	完成度	零件数量完整，所有胶接接缝满足要求	□	10	
4	质量	满足前面要求的情况下，质量越轻越好	□	10	
5	安全操作	严格执行安全规程，无违规操作	□	20	
合计				100	

（二）其他评价

其他评价要求见表 12-6-6。

表 12-6-6　自我评价与教师评价记录

实训项目				姓名		学号
序号	评估项目	分值	实训要求	自我评价	教师评价	得分
1	任务完成情况	20	按要求完成任务			
2	任务完成积极性	15	尽快完成任务并提交			
3	操作规程	15	严格执行安全操作规程			
4	课堂纪律	15	遵守纪律，设备未损坏			
5	课堂参与度	15	按要求全程参与教学过程			
6	考勤	10	不迟到、不早退、不旷课			
7	现场卫生	10	主动整理现场			
总计						
评价说明：得分＝教师评价－（"教师评价"与"自我评价"之差）						
实训总结与反思：						

任务七 起落架制作

一、教学目标和要求

（1）熟悉掌握落架翼的制作过程。
（2）掌握碳管的安全切割方法。
（3）掌握钻床的安全使用方法。
（4）通过制作熟悉起落架的结构。

二、任务描述

（1）课前根据任务书要求，进入在线课程，完成学习任务和任务测验。
（2）准备起落架制作的材料和设备工具。
（3）线上或者线下讨论解决课前遇到的问题，未能解决的问题进行认真总结记录，在课堂上与教师一起解决。
（4）课上扫描二维码进入在线课程，查看相关视频介绍，以起落架制作效果为参考，根据视频介绍，进行起落架制作。起落架制作效果如图 12-7-1 所示。
（5）建议学时：2 学时（课堂内完成任务安排，剩下的制作内容，建议在确保操作安全的前提下，安排在课余时间进行）。
（6）特别说明：可以每组制作一套起落架，也可以只制作一套起落架，试飞的时候换着使用，以节约成本。

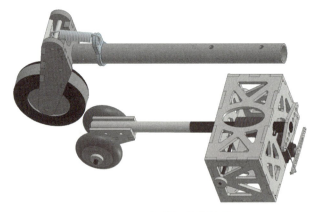

图 12-7-1 起落架制作效果

三、课前任务

根据任务书要求完成课前任务，见表 12-7-1。

表 12-7-1 "起落架制作"任务书

任务名称	起落架制作	班　级	
姓　名		学　号	
学习资料			
	扫左侧二维码 轻松浏览课程内容 ⬅	扫右侧二维码 参与互动并查阅详 细资料 ➡	
任务要求			
1. 进入在线课程，点击页签"制作效果"，下载"前起落架装配体"文件、"后起落架装配体"文件做好课前准备，研读制作效果文件，结合"教学资料"，做好课前预习。 2. 点击页签"制作准备"，根据要求，进行起落架制作前的材料准备和工具准备。 3. 将准备好的零件和工具拍照上传到在线课程进行分享讨论。 4. 将收获和遇到的问题填入下表。 5. 将填写完成的任务书拍照上传到在线课程的讨论区			
学习收获和问题记录			
学习收获	学习中所遇问题及解决办法		学习中未解决的问题

四、教学内容和步骤

(一)任务汇报

教师根据学生课前提交的任务情况，采用课堂活动的方式，让学生进行起落架制作的问题反馈、经验分享，教师总结后统一对学生进行针对性授课。

(二)教学内容

1. 制作准备

根据表 12-7-2 和表 12-7-3 进行起落架制作前的材料准备和设备工具准备。

表 12-7-2　起落架材料准备详情

序号	材料名称	数量	规格	备注
1	碳管	2	18 mm×16 mm×220 mm	用于加工后起落架
2	碳管	1	10 mm×8 mm×192 mm	用于加工前起落架

表 12-7-3　起落架设备工具准备详情

序号	名称	数量	规格	备注
1	平锉刀	1	6 英寸及以上	
2	麻花钻头	1	$\phi 4$	
3	麻花钻头	1	$\phi 3$	
4	手锯	1		
5	车床	1		
6	手电钻（或台钻）	1		
7	台虎钳	1		

2．后起落架立柱制作

做好准备之后，扫码进入在线课程，点击页签"教学资料"，根据说明进行加工，加工图纸如图 12-7-2 所示。注意在碳管上钻孔要钻头锋利，进给量要小，避免钻孔过程中碳管破裂。

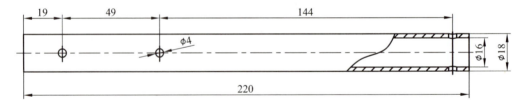

图 12-7-2　主起落架立柱加工图纸

3．前起落架立柱制作

做好准备之后，扫码进入在线课程，点击页签"教学资料"，根据说明进行加工。加工图纸如图 12-7-3 所示，加工方法和注意事项和前起落架立柱一样。

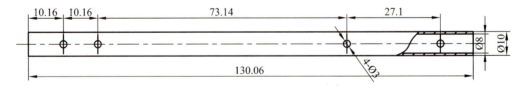

图 12-7-3　前起落架立柱加工图纸

4．装配准备

根据表 12-7-4 ~ 表 12-7-6 进行起落架装配前的材料准备和工具准备。

表 12-7-4　前起落架零件详情

序号	零件名称	零件数量	材料	效果图
1	前轮	2	泡沫轮	
2	起落架安装板（上下）	2	椴木板	
3	起落架安装板（前后）	2	椴木板	
4	起落架安装板（左右）	2	椴木板	
5	起落架承力轴承	2	椴木板	
6	前起落架摇臂	1	椴木板	
7	前起落架轮座	2	椴木板	
8	前起落架轮座支撑	1	椴木板	
9	轮挡	2	椴木板	
10	前轮轴	1	碳纤维	4 mm×60 mm 碳杆
11	前起落架承力轴	1	碳纤维	3 mm×105 mm 碳杆
12	前起落架立柱	1	碳纤维	图 12-7-3 加工件
13	碳管	3	碳纤维	3 mm×18 mm 碳管
14	起落架减震环	10	橡胶	
15	拉杆	1	钢丝	
16	舵机	1	9 g 舵机	

表 12-7-5 后起落架零件详情

序号	零件名称	零件数量	材料	效果图
1	拉簧	2		
2	摇臂零件 1	4	椴木板	
3	摇臂零件 2	2	椴木板	
4	摇臂零件 3	2	椴木板	
5	摇臂零件 4	2	椴木板	
6	弹簧基座	2	3D 打印	
7	后起落架立柱	2	碳纤维	图 12-7-2 加工件
8	主机轮	2	泡沫轮	
9	轴	6	碳纤维	4×37 碳杆

表 12-7-6 起落架装配工具清单

序号	名称	型号	单位	数量	示意图	备注
1	螺丝刀	十字	把	1		
2	尖嘴钳		把	1		
3	502 胶		管	1		
4	棉 线			1		用于前起落架钻孔处的加固

5．起落架装配

扫码进入在线课程，点击页签"制作效果"，下载"前起落架装配体"文件、"后起落架装配体"文件，仔细查看零件之间的关系。点击页签"教学资料"，认真观看视频，完成起落架装配，效果如图 12-7-4 所示。

图 12-7-4 起落架制作效果

五、检查与评价

（一）起落架制作评价

全面评价学生的制作情况，评价要求见表 12-7-7。

表 12-7-7 起落架制作评价记录

班级_____ 学号_____ 姓名_____ 任课教师_____					
制作完整度检查					
序号	检查内容	技术要求	是否达标	分值	得分
1	前起落架制作	碳管加工与图纸吻合，无破损	☐	20	
2	后起落架制作	剪板弯板钻孔与图纸吻合	☐	40	
3	前起落架装配	满足装配图和技术要求	☐	20	
4	后起落架装配	满足装配图和技术要求	☐	20	
合计				100	

（二）其他评价

其他评价要求见表 12-7-8。

表 12-7-8 自我评价与教师评价记录

实训项目				姓名		学号	
序号	评估项目	分值	实训要求	自我评价	教师评价	得分	
1	任务完成情况	20	按图纸要求完成任务				
2	制作积极性	15	尽快完成任务并提交				
3	在线讨论	15	在线课程上积极发帖讨论				
4	课堂纪律	15	遵守纪律，设备未损坏				
5	课堂参与度	15	按要求全程参与教学过程				
6	考勤	10	不迟到、不早退、不旷课				
7	现场卫生	10	主动整理现场				
总计							
评价说明：得分＝教师评价－（"教师评价"与"自我评价"之差）							
实训总结与反思：							

项目十三 装调试飞

任务一 整机总装

一、教学目标和要求

（1）熟练掌握固定翼无人机结构知识。

（2）深刻理解无人机装配的基本知识。

（3）掌握无人机总装的流程和方法。

（4）培养查找资料、整合资源的信息素养。

（5）通过总装熟练掌握无人机结构。

二、任务描述

（1）课前根据任务书要求，进入在线课程，完成学习任务和任务测验。

（2）准备好上一项目制作好的各个部件以及所有的零件；

（3）以已学习的虚拟装配为基础，以图纸为标准，以建模效果图为参考，根据视频说明进行总装，装配效果如图 13-1-1 所示。

（4）线上或者线下讨论解决课前遇到的问题，未能解决的问题进行认真总结记录，在课堂上与教师一起解决。

（5）特别提醒，在得到教师允许之前严禁安装螺旋桨。

（6）建议学时：2 学时（课堂上解决具体问题，重复性操作在课余时间完成）。

图 13-1-1 整机总装效果

三、课前任务

根据任务书要求进行课前准备，见表 13-1-1。

表 13-1-1 "整机总装"任务书

任务名称	整机总装	班 级	
姓 名		学 号	
学习资料			
	扫左侧二维码 轻松浏览课程内容 	扫右侧二维码 参与互动并查阅详 细资料 	
任务要求			
1. 进入在线课程，点击页签"总装效果"，下载装配体文件做好课前准备，研读装配体文件，结合教学资料做好课前预习。 2. 准备好上一项目制作装配好的各个部件以及所有的零件。 3. 点击页签"教学资料"学习无人机装配的相关知识，完成任务测验。 4. 将收获和遇到的问题填入下表。 5. 将填写完成的任务书拍照上传到在线课程的讨论区			
学习收获和问题记录			
学习收获	学习中所遇问题及解决办法		学习中未解决的问题

四、教学内容和步骤

（一）任务汇报

教师根据学生课前提交的任务情况，采用课堂活动的方式，让学生进行整机总装的问题反馈、经验分享，教师总结后统一对学生进行针对性授课。

（二）教学内容

1. 整机总装准备

扫描二维码进入在线课程，点击页签"总装效果"，下载装配体文件，仔细查阅每个零部件的位置和零部件之间的相互关系，做好装配准备。

准备好上一项目制作装配好的各个部件以及所有的零件，如图 13-1-2 所示。

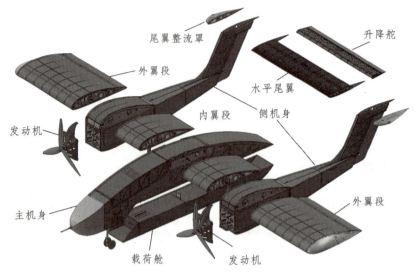

图 13-1-2　为总装准备好的部件

2．整机总装

以前面学习的结构设计内容为基础，以装配体文件为参考，认真查阅各个零部件之间的关系，点击页签"教学资料"，根据视频，完成整机总装，总装流程如图 13-1-3 所示，效果如图 13-1-1 所示，将总装的作品照片以及总装经验分享到在线课程的讨论区。

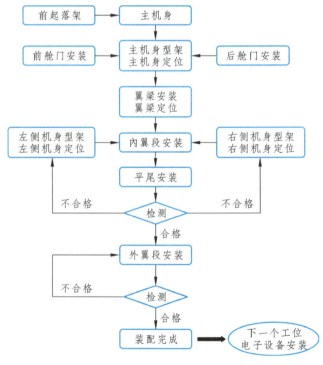

图 13-1-3　总装流程

五、检查与评价

（一）整机总装评价

全面评价学生的总装情况，评价要求见表 13-1-2。

表 13-1-2　整机总装评价记录

班级＿＿＿＿＿　学号＿＿＿＿＿　姓名＿＿＿＿＿　任课教师＿＿＿＿＿					
机翼精度检查					
序号	检查内容	技术要求	是否达标	分值	得分
1	左外翼段	与翼型模板吻合，无缺陷	□	8	
2	左内翼段	与翼型模板吻合，无缺陷	□	8	
3	右外翼段	与翼型模板吻合，无缺陷	□	8	
4	右内翼段	与翼型模板吻合，无缺陷	□	8	
5	机翼扭转角	0°	□	8	
机体尺寸精度检查					
序号	检查内容	技术要求/mm	是否达标	分值	得分
1	尺寸 A	556±1	□	8	
2	尺寸 B	118±1	□	8	
3	尺寸 C	166.5±1	□	8	
4	尺寸 D	1 580±5	□	8	
5	尺寸 E	535±2	□	8	

制作工艺检查					
序号	检查内容	技术要求	是否达标	分值	得分
1	外表面	外形光滑，无凹陷破损	□	5	
2	连接处	连接牢固，缝隙小而均匀	□	5	
3	胶接工艺	无胶水堆积现象，无空隙	□	5	
4	舵面	偏转无卡滞，配合无晃动	□	5	
合计				100	

（二）其他评价

其他评价要求见表 13-1-3。

表 13-1-3　自我评价与教师评价记录

实训项目				姓名			
小组编号		组长		组员			
序号	评估项目	分值	实训要求		自我评价	教师评价	得分
1	任务完成情况	20	按时按要求完成任务				
2	尺寸精度	15	作品满足图纸尺寸要求				
3	实训记录	15	记录规范、完整，图文并茂				
4	实训纪律	15	遵守纪律，设备、工具未损坏				
5	实训参与度	15	按要求全程参与教学过程				
6	团队合作	10	服从组长安排,能配合团队成员工作				
7	现场卫生	10	主动整理现场				
	总计						

评价说明：得分＝教师评价－（"教师评价"与"自我评价"之差）

实训总结与反思：

任务二　电子设备连接

一、教学目标和要求

（1）熟悉掌握每一个电子设备的名称和作用。

（2）熟悉掌握电子设备的参数的具体含义。

（3）掌握电子设备的安装连接方法。

（4）掌握电烙铁的安全使用。

（5）按照任务书完成任务，并按教师要求上交作业。

二、任务描述

（1）课前根据任务书要求，进入在线课程，完成学习任务和任务测验。

（2）线上或者线下讨论解决课前遇到的问题，未能解决的问题进行认真总结记录，在课堂上与教师一起解决。

（3）课上扫描二维码进入在线课程，查看教学视频，按照视频讲解的连接要求和步骤进行操作，如图 13-2-1 所示（注意：在得到教师允许之前，禁止安装螺旋桨）。

（4）实训完成之后，将作品照片和实训心得分享到在线课程进行讨论交流。

（5）课后可查看在线课程上本任务的知识扩展，自己根据视频讲解完成航模机身加强步骤。

（6）建议学时：2 学时。

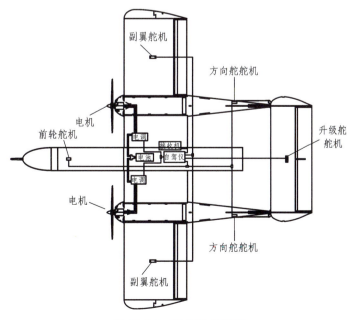

图 13-2-1　电子设备连接

三、课前任务

根据任务书要求完成课前任务,见表 13-2-1。

表 13-2-1 "电子设备连接"任务书

任务名称	电子设备连接	班 级	
姓 名		学 号	
学习资料			

	扫左侧二维码 轻松浏览课程内容	扫右侧二维码 参与互动并查阅详细资料	

任务要求

1. 进入在线课程,点击页签"连接图纸",下载"电子设备连接图"文件,研读图纸文件,结合"教学资料",做好课前预习。

2. 点击页签"连接准备",根据要求,进行电子设备连接前的材料准备和工具准备。

3. 将准备好的零件和工具拍照上传到在线课程进行分享讨论。

4. 将收获和遇到的问题填入下表。

5. 将填写完成的任务书拍照上传到在线课程的讨论区。

注意:在得到教师允许之前,禁止安装螺旋桨

学习收获和问题记录		
学习收获	学习中所遇问题及解决办法	学习中未解决的问题

四、教学内容和步骤

(一)任务汇报

教师根据学生课前提交的章节测验等任务情况,采用课堂活动的方式,请学生进行经验分享、问题讨论,然后教师点评指导学生解决遇到的问题。

(二)学生分组

根据加工制作项目的分组方式,分工合作,提升学生的合作能力和团队意识。

（三）电子设备安装实训过程

1. 实训准备

课前请根据表 13-2-2 和表 13-2-3 进行电子设备安装实训前的材料准备和工具准备。

表 13-2-2　电子设备安装配件清单

序号	名称	型号	单位	数量	备注
1	手拧螺丝	M6×20 mm	颗	6	连接部件
2	圆头螺栓	M2×5mm	颗	2	连接尾翼
3	电机	2820KV860	个	2	
4	螺旋桨	1408（或1238）	对	1	安装前务必报告教师
5	电调	60A 2-6S	个	2	
6	电池	6S5200 mA·H	个	1	
7	碳管	8 mm×6 mm×1 000 mm	根	2	翼梁
8	接收机	6通道以上	个	1	匹配遥控器发射机
9	自驾仪		套	1	如果没有准备，也可以手动飞行
10	导航系统		套	1	
11	热缩管	4 mm		若干	
12	焊锡			若干	
13	扎带		根	1	固定电池
14	Y 线	30 mm	根	4	
15	延长线	50 mm	根	4	

表 13-2-3　电子设备安装工具和设备清单

序号	名称	型号	单位	数量	备注
1	螺丝刀		套	1	
2	电烙铁		把	1	
3	尖嘴钳		把	1	
4	剥线钳		把	1	
5	焊台		个	1	
6	热熔胶枪	7 mm	把	1	
7	Z 字钳		把	1	
8	斜口钳		把	1	
9	扩孔器		把	1	
10	壁纸刀		套	1	

2．电子设备安装与连接

扫码进入在线课程，点击页签"教学资料"仔细观看电子设备连接的教学视频，根据教学视频的操作步骤和要求进行电子设备安装和连接，如图 13-2-1 所示。

五、检查与评价

（一）电子设备安装评价

全面评价学生对电子设备安装和连接过程的掌握情况，评价要求见表 13-2-4。

表 13-2-4　电子设备安装评价记录

班级＿＿＿＿＿＿＿＿学号＿＿＿＿＿＿＿＿姓名＿＿＿＿＿＿＿＿任课教师＿＿＿＿＿＿＿＿

电子设备安装检查					
序号	检查内容	技术要求	是否达标	分值	得分
1	设备安装	电机、舵机的安装正确	☐	10	
2	拉杆制作	拉杆的制作精良，形状和尺寸准确，连接可靠	☐	25	
3	舵机回中	确保舵机回中	☐	10	
4	操纵系统	舵面、拉杆、舵机连接正确	☐	20	
5	设备连接	电机、电调、接收机、电池等设备连接正确	☐	25	
6	美观程度	对线路进行布局整理，安全、美观	☐	10	
合计				100	

（二）其他评价

其他评价要求见表 13-2-5。

表 13-2-5　自我评价与教师评价记录

实训项目				姓名		学号	
序号	评估项目	分值	实训要求	自我评价		教师评价	得分
1	任务完成情况	20	按要求完成任务				
2	任务完成积极性	15	尽快完成任务并提交				
3	操作规程	15	严格执行安全操作规程				
4	课堂纪律	15	遵守纪律，设备未损坏				

续表

序号	评估项目	分值	实训要求	自我评价	教师评价	得分
5	课堂参与度	15	按要求全程参与教学过程			
6	考勤	10	不迟到、不早退、不旷课			
7	现场卫生	10	主动整理现场			
总计						

评价说明：得分＝教师评价－（"教师评价"与"自我评价"之差）

实训总结与反思：

任务三　系统调试

一、教学目标和要求

（1）熟悉掌握固定翼无人机的调试过程。

（2）掌握遥控器的安全使用方法。

（3）掌握无人机上电的安全规程。

（4）掌握固定翼无人机重心位置及调整方法。

（5）掌握操纵系统的调试方法。

（6）掌握飞控导航系统的调试方法。

二、任务描述

（1）课前根据任务书要求，扫描二维码进入在线课程，点击页签"调试准备"，根据要求，为调试操作做好准备。

（2）线上或者线下讨论解决课前遇到的问题，未能解决的问题进行认真总结记录，在课堂上与教师一起解决。

（3）进入在线课程，按照视频的讲解进行调试操作，如图 13-3-1 所示。

（4）调试过程中禁止安装螺旋桨，安装螺旋桨之后就具有危险性，必须在老师的指导之下才能进行通电操作。

（5）建议学时：1 学时。

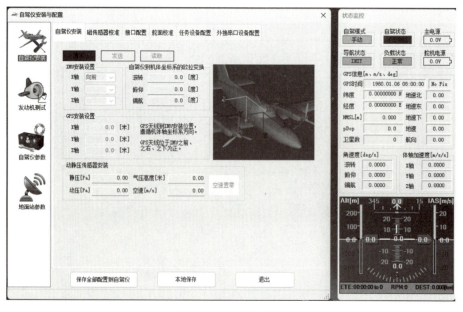

图 13-3-1　系统调试

三、课前任务

根据任务书要求完成课前任务，见表 13-3-1。

表 13-3-1 "系统调试" 任务书

任务名称	系统调试		班 级	
姓 名			学 号	
学习资料				
	扫左侧二维码 轻松浏览课程内容	扫右侧二维码 参与互动并查阅详细资料		
任务要求				
1. 进入在线课程，点击页签"调试准备"，根据要求，做好课前预习。 2. 点击页签"连接准备"，根据要求，进行系统调试前的准备。 3. 将准备好的设备和工具拍照上传到在线课程进行分享讨论。 4. 将收获和遇到的问题填入下表。 5. 将填写完成的任务书拍照上传到在线课程的讨论区。 注意：调试过程中，禁止安装螺旋桨				
学习收获和问题记录				
学习收获	学习中所遇问题及解决办法		学习中未解决的问题	

四、教学内容和步骤

（一）任务汇报

教师根据学生课前提交的任务情况，采用课堂活动的方式，请学生进行经验分享、问题讨论，然后教师点评指导学生解决遇到的问题。

（二）系统调试实训

1. 实训准备

课前按照表 13-3-2 做好实训准备，注意将无人机的动力电池和遥控器的电池充满电。建议充电器要选择平衡充电器，参数设置：电压选择 4.2 V、电流要根据电池的充电倍率进行选择，充电过程要有专人看管，电池充满之后即停止充电，避免造成危险。

表 13-3-2　系统调试课前准备清单

序号	名称	型号	单位	数量	备注
1	无人机		个	1	准备好自己装配的无人机
2	遥控器	6 通道或以上	个	1	根据实训室条件准备
3	防爆箱	4 通道或以上	个	1	存储动力电池
4	动力电池	6S10000mAH	个	1	充满电
5	控电	匹配遥控器	个	1	充满电
6	地面控制站		个	1	与飞控系统匹配
7	数传电台		套	1	与飞控系统匹配
8	电压测试仪		个	1	用于电池电压测试
9	工具箱		个	1	配备装配工具

2．动力电池的安装

扫码进入在线课程，点击页签"动力测试"，仔细观看动力调试的教学视频，根据教学视频的操作步骤和要求进行动力电池的安装，要求无人机重心位置正确，电池安装牢固。

3．电机转向确认

进入课程视频，根据视频演示进行操作，步骤和注意事项如下：

（1）遥控器通电，油门杆归零，锁定油门锁，遥控器平放。

（2）电调的数据线不连接飞控系统，直接连接上接收机第三通道，无人机通电，**注意不要安装螺旋桨**。

（3）遥控器解开油门锁，轻推油门杆检查电机转向是否正确（与所用螺旋桨匹配）。

（4）若电机转向错误，则将电调和电机的三根连线中的任意两根进行对调即可。

（5）若油门空行程过多，则进行油门校准操作。

4．操纵系统调试

将飞控导航系统按要求连接好，按上述步骤进入在线课程，点击页签"操纵系统调试"，根据视频演示进行操作，将"情境一"学习的知识储备"秒懂飞行原理"用于指导无人机舵面的调试，如果舵面偏转方向错误，则根据飞控系统说明书进行设置（根据您使用的飞控系统品牌）。

5．飞控、导航系统调试

进入在线课程，点击页签"飞控、导航系统调试"，根据视频演示进行操作，完成飞控、导航系统的参数设置和调试。

6．关闭电源

先关闭无人机的电源，再关闭遥控器的电源。

五、检查与评价

（一）系统调试评价

全面评价学生对系统调试过程的掌握情况，评价要求见表 13-3-3。

表 13-3-3　系统调试评价记录

班级＿＿＿＿＿＿学号＿＿＿＿＿＿姓名＿＿＿＿＿＿任课教师＿＿＿＿＿＿					
系统调试检查					
序号	检查内容	技术要求	是否达标	分值	得分
1	重心检查	重心位置正确，机翼前缘向后 1/3 翼弦处	☐	15	
2	电池检查	电池安装牢固，不松动，不滑动	☐	15	
3	电机检查	电机转向正确（和螺旋桨匹配）	☐	15	
4	油门检查	油门空行程小或者几乎没有	☐	15	
5	舵面检查	副翼、升降舵、方向舵偏转角度和方向正确	☐	20	
6	飞控系统	能根据地面站的指令和无人机姿态做出正确响应	☐	20	
合计				100	

（二）其他评价

其他评价要求见表 13-3-4。

表 13-3-4　自我评价与教师评价记录

实训项目				姓名		学号	
序号	评估项目	分值	实训要求	自我评价	教师评价	得分	
1	任务完成情况	20	按要求完成任务				
2	任务完成积极性	15	尽快完成任务并提交				
3	操作规程	15	严格执行安全操作规程				
4	课堂纪律	15	遵守纪律，设备未损坏				
5	课堂参与度	15	按要求全程参与教学过程				

续表

序号	评估项目	分值	实训要求	自我评价	教师评价	得分
6	考勤	10	不迟到、不早退、不旷课			
7	现场卫生	10	主动整理现场			
总计						

评价说明：得分＝教师评价－（"教师评价"与"自我评价"之差）

实训总结与反思：

任务四 飞行测试

一、教学目标和要求

（1）熟悉掌握无人机的试飞过程。
（2）熟悉掌握固定翼无人机的飞行原理。
（3）掌握无人机上电的安全规程（特别重要）。
（4）掌握无人机飞行的安全规程。
（5）体验无人机的飞行过程。

二、任务描述

（1）根据任务书要求完成课前任务。
（2）线上或者线下讨论解决课前遇到的问题，未能解决的问题进行认真总结记录，在课堂上与教师一起解决。
（3）课上查看教学视频，按照视频要求和步骤进行飞行测试，如图 13-4-1 所示。
（4）建议学时：1 学时。

图 13-4-1　飞行测试

三、课前任务

根据任务书要求完成课前任务，见表 13-4-1。

表 13-4-1 "飞行测试"任务书

任务名称	飞行测试	班 级	
姓 名		学 号	
学习资料			

	扫左侧二维码 轻松浏览课程内容 ←	扫右侧二维码 参与互动并查阅详细资料 →	

任务要求

1. 进入在线课程，进行课前预习，完成任务测试。
2. 点击页签"飞前准备"，根据要求，做好课前准备。
3. 将准备好的设备和工具拍照上传到在线课程进行分享讨论。
4. 将收获和遇到的问题填入下表。
5. 将填写完成的任务书拍照上传到在线课程的讨论区。
6. 无人机飞行人员必须具备合法的空域和飞行资质（无人机驾照）

学习收获和问题记录		
学习收获	学习中所遇问题及解决办法	学习中未解决的问题

四、教学内容和步骤

（一）任务汇报

教师根据学生课前提交的章节测验等任务情况，采用课堂活动的方式，请学生进行经验分享、问题讨论，然后教师点评指导学生解决遇到的问题。

（二）飞行测试实训

1. 飞前准备

扫码进入在线课程，点击页签"飞前准备"，如表 13-4-2 所示，按要求精心准备所需的设备和工具。同时，选择符合飞行条件的场地，确保安全无虞。参考天气预报，挑选出天气状况最佳的时间窗口，以便飞行。提前向相关部门申请并获得合法的空域使用权，确保飞行的合法性。飞行人员必须具备相应的资质，对无人机的性能和特点进行深入的了解，以便在飞行过程中能够灵活应对各种情况。此外，与观察员之间需要建立默契的配合，确保飞行过程中的信息传递准确无误。同时，制订详尽的应急处理预案，以应对可能出现的突发状况，确保飞行安全。

表 13-4-2　试飞条件准备清单

序号	名称	型号	单位	数量	备注
1	无人机		个	1	自己调试好的无人机
2	遥控器	6 通道或以上	个	1	根据实训室条件准备
3	防爆箱	4 通道或以上	个	1	存储动力电池
4	动力电池	6S10000mAH	个	1	充满电
5	遥控器电池	匹配遥控器	个	1	充满电
6	地面控制站		个	1	与飞控系统匹配
7	数传电台		套	1	与飞控系统匹配
8	电压测试仪		个	1	用于电池电压测试
9	工具箱		个	1	配备装配工具
10	试飞场地				满足飞行测试条件
11	合法空域				申请合法空域，按空管要求进行飞行测试
12	天气条件				良好的天气条件
13	飞行员		名	1	试飞人员具备Ⅲ级固定翼无人机驾照
14	观察员		名	2	1 名负责观察地面站，1 名负责观察无人机和飞行环境，共同协助飞行员监控无人机飞行状态、地面站参数，观察飞行环境和地面情况，提供必要的信息和建议，确保飞行安全

所谓"飞行无小事，安全第一"，在飞行的每一个环节，都不能掉以轻心。为了确保飞行的安全与顺利，除了充分做好上述的各项准备工作之外，还必须提前制订详尽的应急处理预案，以应对可能出现的各种突发状况，做到有备无患，确保飞行安全。

2．飞前检查

在充分做好飞前准备工作后，请点击"飞前检查"页签，见表 13-4-3。请务必严格遵循"飞前检查单"所列的检查项目和顺序，逐一进行细致的检查，并确保每一项检查均达标。通过这样的细致检查，我们将为飞行安全提供坚实的保障。

表 13-4-3 飞前检查单

机身检查				
序号	检查内容	技术要求	是否达标	执行人签字
1	机体蒙皮	无开裂、无褶皱、无变形	□	
2	机体连接处	连接正常，缝隙均匀	□	
3	机翼、尾翼	无变形，位置角度正确	□	
4	重心	前后位置准确，左右平衡	□	
5	发动机座	无破损、无裂纹	□	
6	整流罩	完整，无损坏	□	
机 械 检 查				
序号	检查内容	技术要求	是否达标	执行人签字
1	发动机座	螺钉完整，连接紧固	□	
2	发动机螺旋桨	无损坏、无变形、连接紧固	□	
3	飞机舱盖	锁定正常、合页无脱落	□	
4	空速管	无破损、无弯曲、无堵塞	□	
5	每个舵面表面	无开裂、无褶皱、无变形	□	
6	每个舵面铰链	连接正常、无松动	□	
7	舵面摆动	顺畅、无干涉	□	
8	舵面连杆	连接紧固、无弯曲	□	
9	舵机摇臂螺钉	已锁紧	□	
10	舵脚	连接正常、紧固	□	
11	舵机安装	无松动	□	
12	螺旋桨方向	叶面方向正确、转向正确	□	
13	空速软管	无压迫、无弯折、无脱落	□	
14	飞控减振托架、减振球	稳固、无脱落	□	
15	起落架	连接紧固，转向正常	□	
电气检查				
序号	检查内容	技术要求	是否达标	执行人签字
1	电机线	连接紧固，无破损	□	
2	电调电源线	连接紧固，无破损	□	
3	电调数据线	连接紧固，无破损	□	
4	飞控电插头、导线	连接紧固，无破损	□	
5	机舱内线缆	连接紧固，无破损	□	
6	舵机线	连接紧固，无破损	□	
7	接收机、数传天线	方向正确	□	
8	动力电池	电池外表正常，电压正常	□	

3．飞行测试

在完成所有飞前检查，并确认各项指标均达标后，请点击"飞行测试"页签，参照表 13-4-4 的指引，遵循飞行测试流程表中所列出的顺序和要求，严格执行飞行测试。在这一过程中，观察员和飞行人员之间的默契配合至关重要，观察员需及时向飞行人员提供准确且全面的信息，以确保飞行人员能迅速作出正确的判断和处理，从而确保整个飞行过程的安全。

表 13-4-4　飞行测试流程

序号	执行内容	技术要求	是否达标	执行人签字
1	气动启动地面站	电量充足，运行正常	☐	
2	无人机飞前检查	检查是否正常	☐	
3	启动遥控器	电量充足，运行正常	☐	
4	遥控器平放，油门锁定	保证安全，预防侧翻	☐	
5	磁罗盘校准	获得正确的磁航向数据	☐	
6	上传任务航线	确认上传的航点信息正确	☐	
7	连接动力电	确保安全启动	☐	
8	检查舵面	确认舵量和方向正确	☐	
9	执行地面站软件的飞前检查	确认信息正确	☐	
10	启动发动机	执行安全规程，启动正常	☐	
11	地面滑跑测试	确认控制信号正确	☐	
12	滑行到起飞点	注意风向和爬升空间	☐	
13	起飞	油门全开，平稳爬升	☐	
14	手动航线飞行	确认操作控制正确	☐	
15	切入全自动模式	确认任务执行正常	☐	
16	切入手动准备降落	注意进近航线选择	☐	
17	降落	注意风向和接地点	☐	
18	停稳后及时断开电源	确保安全	☐	
19	执行飞后处理	详见下一步	☐	
20	做好记录	及时总结	☐	
21	设备带回实训室、下载参数	飞后处理、分析飞控日志	☐	

4．飞后处理

在飞行测试圆满结束后，请您务必点击"飞后处理"页签，仔细遵循其中的步骤和要求进行飞后处理工作，如图 13-4-2 所示。同时，要认真进行试飞结果的分析，以便根据分析结果判断是否达到了预期的试飞目标。如果未能达成目标，建议根据分析结果进行针对性的重新装配和调试，优化无人机装调过程中存在的问题。在完成这些改进后，可以再次进行飞行测试，以确保无人机性能达到最佳状态。

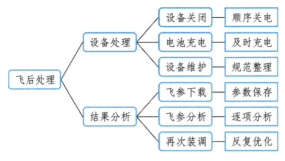

图 13-4-2　飞后处理流程

5．应急处理

1）无人机失控应急处理

（1）立即启动无人机自动返航功能。

（2）若高度不够或者自动返航功能失效，则尝试手动控制无人机安全着陆。

2）数据链中断应急处理

（1）立即启动无人机内置安全飞行模式，如自动返航等。

（2）尽快尝试恢复数据链连接，重新建立控制。

3）其他异常情况应急处理

（1）根据实际情况采取相应的应急措施，确保飞行安全。

（2）及时报告相关部门和人员，寻求支持和协助。

注：本应急预案单仅作为本无人机飞行测试的基本参考，具体飞行任务和环境需要根据实际情况进行调整和补充。

五、检查与评价

（一）飞行测试评价

全面评价学生对飞行测试过程的掌握情况，评价要求见表 13-4-5。

表 13-4-5　飞行测试评价记录

班级＿＿＿＿＿＿＿　学号＿＿＿＿＿＿＿　姓名＿＿＿＿＿＿＿　任课教师＿＿＿＿＿＿＿					
飞行测试过程评价					
序号	检查内容	技术要求	是否达标	分值	得分
1	飞前准备	按时按表格做好准备	□	10	
2	飞前检查	按顺序按要求完成检查	□	10	
3	飞行测试	过程有序，配合默契，安全准确	□	50	
4	飞后处理	按顺序按要求完成	□	20	
5	安全操作	整个过程没有违规操作，不存在安全隐患	□	10	一票否决
合计				100	

（二）其他评价

其他评价要求见表 13-4-6。

表 13-4-6 自我评价与教师评价记录

实训项目				姓名		学号	
序号	评估项目	分值	实训要求	自我评价		教师评价	得分
1	任务完成情况	20	按要求完成任务				
2	任务完成积极性	15	尽快完成任务并提交				
3	操作规程	15	严格执行安全操作规程				
4	课堂纪律	15	遵守纪律，设备未损坏				
5	课堂参与度	15	按要求全程参与教学过程				
6	考勤	10	不迟到、不早退、不旷课				
7	现场卫生	10	主动整理现场				
			总计				
评价说明：得分＝教师评价－（"教师评价"与"自我评价"之差）							
实训总结与反思：							

情境四　学以致用——工业案例

情境二和情境三所介绍的无人机设计与制作方案，均是以低成本为导向的。我们之所以选用了包括 KT 板、椴木板、轻木板以及 Epp 在内的材料，是因为它们价格低廉，制作工艺简单，所需设备较少，真正做到了"低成本、高效率、短周期"。虽然这样的材料选择使得无人机机体的设计在很多部分都采用了较为简单的方形设计，未能充分展现机体的流线型美感，但这恰恰满足了大多数读者的实际需求。

本情境的编写目的，是希望为读者提供一个工业无人机的设计制作案例，使读者能进一步了解由复合材料制造的工业无人机的具体设计制作流程。为了方便读者对比、理解和过渡，我们特意选择了情境三所设计的无人机作为基础，保持其总体布局不变，但在翼型选择、阻力减小、襟翼副翼布局等方面进行了优化和调整。同时，由于选用了复合材料作为无人机机体的蒙皮，我们对骨架的设计也进行了进一步的优化和调整。

需要注意的是，学习本情境的内容需要具备一定的模具开发和复合材料成型的相关知识和技能。由于篇幅所限，我们不能在这里详细介绍这些知识和技能，如有需要，请读者自行查阅相关资料。

项目十四 设计文件

本项目致力于向读者介绍复合材料在工业无人机制作中的应用，并提供一个具体的设计制作案例。我们特别选取了情境三中的无人机作为参照，保持其总体布局和整体架构不变，但在翼型选择、阻力优化以及襟翼副翼布局等关键领域进行了精细的调整和优化，如图 14-0-1 所示。通过这些改进，我们期望读者能够了解复合材料无人机的设计制作流程。需要注意的是，由于篇幅限制，本情境的内容将相对简洁。但只要读者具备关于模具和复合材料成型的基础知识，并依托前面几个情境的学习基础，便能够轻松地理解和掌握本情境的内容。

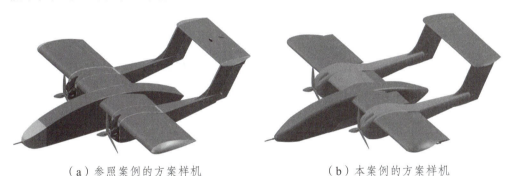

（a）参照案例的方案样机　　　　　（b）本案例的方案样机

图 14-0-1　数字样机对比

1．方案样机及 CFD 仿真分析

本项目将不再对无人机进行总体设计，而是基于之前的布局和整体结构进行深化。尽管基本的框架保持不变，但在材料选择、起飞重量以及加工工艺等方面均有所调整。因此，无人机的气动设计和结构设计都相应地发生了变化。

为了提升无人机的性能，首要任务是对其整体进行气动优化。为实现这一目标，我们设计了一个数字样机，并基于该模型进行了 CFD 仿真验证。这一做法在前述的几个设计情境中均有所体现，但此前并未详细解释"数字样机"的具体含义。

数字样机，简而言之，是在计算机上呈现的物理样机的数字化模型。它全面反映了真实产品在计算机内的静态特征和动态行为。数字样机的核心作用在于，在虚拟的计算机仿真环境中模拟、分析和验证样机的功能和性能，从而为后续的物理样机制作提供有力依据和优化方向。数字样机按照研制流程可以分为方案样机、详细样机等。方案样机指在产品方案设计阶段，包含产品方案设计全部信息的数字化描述。详细样机指在产品详细设计阶段，包含产品详细设计全部信息的数字化描述。

在气动设计完成后，数字样机的构建成为下一个关键环节。这个数字样机，作为一个没有内部结构的整体模型，主要用于 CFD 仿真分析。我们主要利用 CAD 软件（如 SolidWorks、CATIA 等），精确构建无人机的实际结构和外观。如图 14-0-1（b）所示，即为本案例的方案样机成果。

数字样机构建完毕后，进入 CFD 仿真分析阶段。这一阶段，运用专业的仿真软件对无人机进行虚拟实验，全面验证其气动性能。这种虚拟测试的方式，不仅能够节省大量的时间和成本，还能显著降低实际测试中的风险。如图 14-0-2 展示了无人机在巡航状态下的气动压力分布，图 14-0-3 揭示了无人机周围气流的流动轨迹，而图 14-0-4 则清晰地展示了无人机在巡航状态下的升力和阻力数据。从图中可以明确看出，本机的升力达到 60 N（说明本机起飞质量大于 6 kg），阻力为 20 N（说明本机巡航阻力为 20 N，以此作为选用发动机的重要参数）。

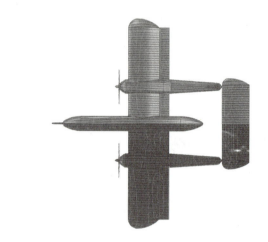

图 14-0-2　巡航状态下的气动压力分布

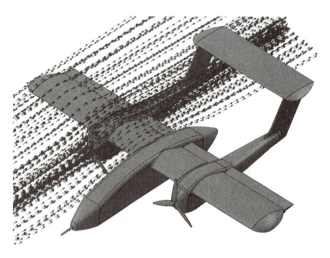

图 14-0-3　气流的流动轨迹

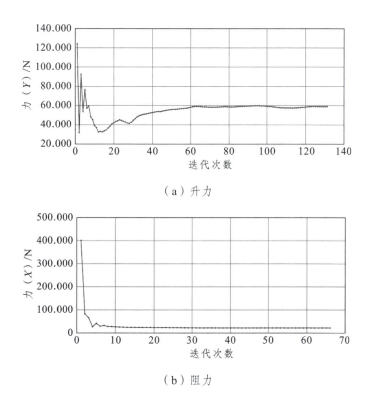

（a）升力

（b）阻力

图 14-0-4　巡航状态下的升力和阻力

2．结构设计及详细样机

　　经过对方案样机进行的一系列深入细致的仿真分析和优化，当各项性能指标均满足设计要求后，便可着手进行详细的结构设计。在这一阶段，将构建一个精确的详细样机，为后续模具的开发和机体的制造提供坚实的基础，图 14-0-5 所示是详细样机。

图 14-0-5　详细样机

3．无人机包装箱设计

　　无人机在保存和转场时，必须使用专用的箱子进行包装，这种箱子被称为无人机包装箱或航空箱。无人机包装箱是专门设计的，其内部结构根据无人机的尺寸和形状进行定制。同时，这种箱子在无人机转场、运输和存储过程中，为无人机提供足够的保护和支撑。

无人机包装箱

　　尽管无人机包装箱并不直接属于无人机的维护保障子系统，但它在无人机的维护和保障方面起着重要作用。它不仅为无人机的维护保障提供了便利，还有助于延长无人机的使用寿命。为此专门设计的包装箱，如图 14-0-6 所示，它不仅具有转场、运输和存储的功能，而且还集成了无人机的总装型架，使得无人机能够迅速抵达使用区域，并能立即进行高效的组装和调试，以便迅速进入待飞状态。

　　需要查看更详细的设计资料和文件，请扫码进入在线课程查阅。

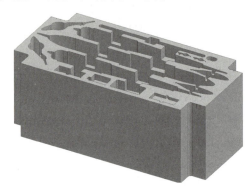

（a）包装箱　　　　　　　　　　　　（b）内衬结构

图 14-0-6　无人机包装箱设计效果

项目十五　模具开发

本项目主要聚焦于无人机机体模具的开发过程。该模具的设计制造以无人机的数字样机为蓝本，旨在服务于无人机的生产流程。模具的设计与制造属于专业领域的范畴，虽然对于本书而言，它属于辅助工具性内容，但考虑到其在实际应用中的重要性，我们将简要介绍其开发流程，以供读者参考。在模具开发过程中，要遵循科学严谨的原则，确保模具的设计合理、制造精确，从而满足无人机的生产需求。

一、无人机机体复合材料外壳模具设计

1．模具设计原则

模具设计是无人机机体复合材料外壳制造的关键环节，设计的好坏直接影响到外壳的质量和生产效率。在设计过程中，需要遵循以下原则：

（1）功能性原则：模具应能够准确地制造出符合设计要求的无人机机体复合材料外壳。

（2）稳定性原则：模具结构应稳定可靠，能够承受生产过程中的各种力和温度变化。

（3）经济性原则：在保证模具质量和生产效率的前提下，应尽量降低模具的制造成本。

2．模具结构设计

模具结构设计是模具设计的核心，其设计应满足以下要求：

（1）分模面设计：合理设计分模面，便于模具的开启和闭合，以及产品的脱模。

（2）型腔设计：根据无人机机体复合材料外壳的形状和尺寸，设计合理的型腔结构。

3．模具材料选择

模具材料的选择直接影响模具的使用寿命和生产成本。在选择模具材料时，需要考虑材料的机械性能、加工性能、使用寿命和经济性等。本机模具的开发选用了电木，经济性和工艺性都非常出色，缺点就是寿命短，不是很适合大批量的生产。

二、无人机机体复合材料外壳模具制造工艺

1．制造工艺流程

无人机机体复合材料外壳模具的制造工艺流程通常包括以下几个步骤：

（1）材料准备：根据设计要求，准备相应的模具材料。

（2）粗加工：对模具材料进行粗加工，形成大致的形状。

（3）精加工：对粗加工后的模具进行精加工，达到设计要求的尺寸和精度。

（4）装配调试：将各个部件装配在一起，进行调试和试模。

2．制造过程中的质量控制

制造过程中的质量控制是确保模具质量的关键，应采取以下措施：

（1）严格执行工艺规程：确保每个制造环节都符合工艺要求。

（2）加强检验和测试：对模具的各个部分进行检验和测试，确保质量符合要求。

（3）持续改进和优化：根据生产过程中出现的问题，及时进行改进和优化。

鉴于无人机的尺寸相对较小，且生产数量不多，我们选择电木作为主要的制造材料，使得整个流程相对简化。若无人机的尺寸显著增大，并需要较大规模生产，就必须更深入地考虑模具的形变、使用稳定性以及寿命等诸多因素。这样，模具的开发过程中所需考虑的因素就会大大增加。

图 15-0-1 所示为专门为样机开发的部分模具，供读者参考。需要查看更详细的设计资料和文件，请扫码进入在线课程查阅。

模具开发

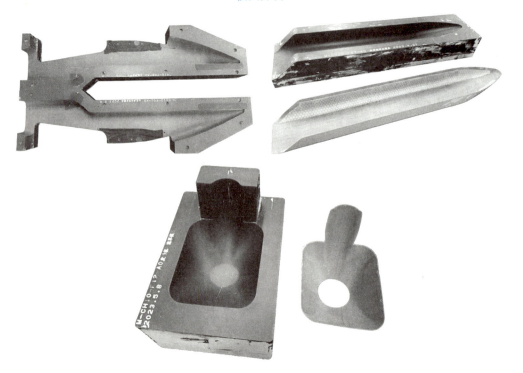

图 15-0-1　为样机开发的部分模具

项目十六　机体制造

样机机体制造采用较为传统的复合材料手敷成型工艺。手敷成型工艺是一种复合材料制造技术，其主要特点是通过手工操作来完成复合材料的成型。

一、材料准备

准备无人机复合材料机体的所需材料通常包括增强纤维（如碳纤维、玻璃纤维等）和基体树脂（如环氧树脂、聚酰胺树脂等）。这些材料需要经过预处理，如裁剪、清洁和干燥等，以确保其质量和性能。

二、手工铺设

在手敷成型工艺中，增强纤维和基体树脂是通过手工铺设的方式逐层叠加在模具上的。操作人员需要根据设计要求，将增强纤维按照一定的方向和角度铺设在模具上，并在每层之间涂覆适量的基体树脂。这个过程需要操作人员具备一定的技能和经验，以确保铺设的质量和均匀性，如图16-0-1所示。

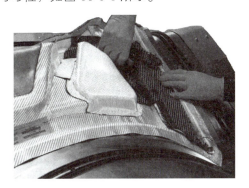

图 16-0-1　机体外壳的手敷操作

三、成型与固化

在完成手工铺设后，需要对复合材料进行成型和固化。成型过程可以通过热压、真空袋压或自然固化等方式进行。固化过程则是通过加热和加压的方式，使基体树脂在增强纤维之间充分流动和浸润，从而实现复合材料的整体固化。固化过程中需要控制温度、时间和压力等参数，以确保固化质量。图16-0-2所示为固化后的水平尾翼外壳，已做好修边等清理工作，等待合模。

四、机体骨架加工与合模

整流罩、盖板等类型的复合材料外壳，对刚度要求不是很高，只需要在手敷时通过加入蜂窝材料等方式进行加强处理，固化之后即可进入后处理工序。但是其他的大多数无人机结构件，如机身、机翼、尾翼等，对强度和刚度要求较高，而且是一个半封闭式的造型，这就需要在里面放置骨架，然后胶接、合模，再次进行固化处理。图16-0-3 所示为水平尾翼已经放置骨架，准备合模处理。

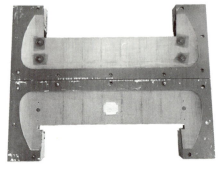 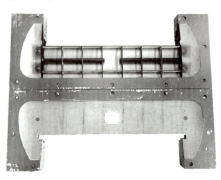

图 16-0-2　固化后的水平尾翼外壳　　　　图 16-0-3　水平尾翼已放置骨架准备合模

五、后处理

在固化完成后，需要对复合材料机体进行后处理，包括去除多余的树脂、打磨表面、检查质量等，满足要求之后再进行喷漆处理。后处理过程可以确保复合材料机体的表面质量和尺寸精度符合设计要求，而且更美观。图16-0-4 所示为已经做好后处理的无人机部件。

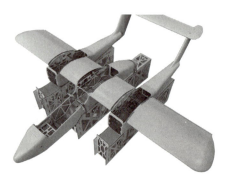

图 16-0-4　做好后处理的无人机部件

需要查看更详细的设计资料和文件，请扫码进入在线课程查阅。

机体制造

项目十七　装调试飞

任务一　整机总装

一、教学目标和要求

（1）熟练掌握工业无人机组装整机组装流程和方法。

（2）熟练掌握工业无人机装配的基本知识和技能。

（3）了解无人机装配岗位职责和要求。

二、任务描述

（1）课前根据任务书要求，进入在线课程，完成学习任务和项目测验。

（2）课前准备好本次课总装所需零部件。

（3）线上或者线下讨论解决课前准备过程中遇到的问题，未能解决的问题进行认真总结记录，在课堂上与教师一起解决。

（4）根据项目十六，以图纸为标准，结合建模效果图和视频说明进行总装，装配效果如图 17-1-1 所示。

（5）特别提醒，在得到教师允许之前严禁安装螺旋桨。

（6）建议学时：2 学时（课堂上解决具体问题，重复性操作在课余时间完成）。

图 17-1-1　整机总装效果

三、课前任务

根据任务书要求完成课前任务，见表 17-1-1。

表 17-1-1 "整机总装" 任务书

任务名称	整机总装	班　级	
姓　名		学　号	
学习资料			

	扫左侧二维码 轻松浏览课程内容 ←	扫右侧二维码 参与互动并查阅详细资料 →	

任务要求

　1. 进入在线课程，点击页签 "总装效果"，下载装配体文件做好课前准备，研读装配体文件，结合教学资料做好课前预习，写出本任务中工业无人机总装流程。
　2. 准备本次课总装所需零部件。
　3. 点击页签 "教学资料" 学习无人机装配的相关知识，完成任务测验。
　4. 将收获和遇到的问题填入下表。
　5. 将填写完成的任务书拍照上传到在线课程的讨论区

学习收获和问题记录		
学习收获	学习中所遇问题及解决办法	学习中未解决的问题

四、教学内容和步骤

（一）任务汇报

　　教师根据学生课前提交的任务情况，采用课堂活动的方式，让学生进行整机总装的问题反馈、经验分享，教师总结后统一对学生进行针对性授课。

（二）教学内容

1. 整机总装准备

扫描二维码进入在线课程，点击页签"总装效果"，下载装配体文件，仔细查阅每个零部件的位置和零部件之间的相互关系，做好装配准备。

准备好本次课总装所需零部件，如图 17-1-2 所示。

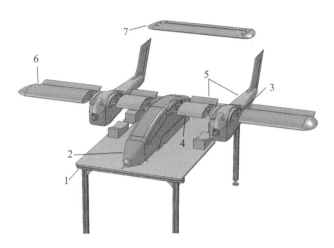

1—准备型架；2—主机身定位；3—翼梁装配；4—内翼段装备；
5—襟翼和侧机身装配；6—外翼段装配；7—水平尾翼装配。

图 17-1-2　总装零部件

2. 整机总装

以情境三内容为基础，以装配体文件为参考，认真查阅各个零部件之间的关系，点击页签"教学资料"，根据视频，完成"无人机"的整机总装，效果如图 17-1-1 所示，总装流程如图 17-1-3 所示。请将总装的作品照片以及总装经验分享到在线课程的讨论区。

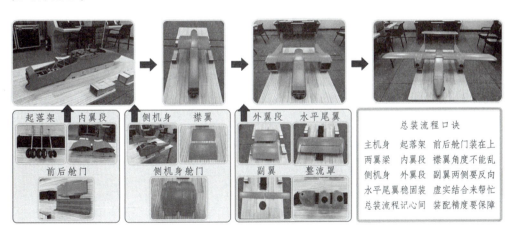

图 17-1-3　总装流程

五、检查与评价

（一）整机总装评价

全面评价学生的整机装配情况，评价要求见表 17-1-2。

表 17-1-2　整机总装评价记录

班级＿＿＿＿＿＿　学号＿＿＿＿＿＿　姓名＿＿＿＿＿＿　任课教师＿＿＿＿＿＿					
整机完整度检查					
序号	检查内容	技术要求	是否达标	分值	得分
1	总装质量	零部件数量齐全，位置准确，约束正确	□	30	
2	机翼装配	舵机舵角配合正确，连接紧固	□	20	
3	尾翼舵面	舵机舵角配合正确，升降舵、方向舵可自由偏转	□	20	
4	动力系统	连接紧固，角度正确	□	15	
5	起落架	连接紧固，转向正常	□	15	
合计				100	

（二）其他评价

其他评价要求见表 17-1-3。

表 17-1-3　自我评价与教师评价记录

实训项目				姓名		学号	
序号	评估项目	分值	实训要求	自我评价	教师评价	得分	
1	任务完成情况	20	按装配图要求完成任务				
2	任务完成积极性	15	尽快完成任务并提交				
3	在线讨论	15	在线课程上积极发帖讨论				
4	课堂纪律	15	遵守纪律，设备未损坏				
5	课堂参与度	15	按要求全程参与教学过程				
6	出勤	10	不迟到、不早退、不旷课				
7	6S 管理	10	主动整理现场				
总计							
评价说明：得分＝教师评价－（"教师评价"与"自我评价"之差）							
实训总结与反思：							

任务二 电子设备连接

一、教学目标和要求

（1）掌握合理选用电子设备的流程和方法。

（2）熟练掌握电子设备的安装连接方法和技能。

（3）了解无人机电子设备连接岗位职责和要求。

二、任务描述

（1）课前根据任务书要求，进入在线课程，完成学习任务和任务测验。

（2）课前根据任务书准备本任务内容的电子设备及工具。

（3）线上或者线下讨论解决课前遇到的问题，未能解决的问题进行认真总结记录，在课堂上与教师一起解决。

（4）课上扫描二维码进入在线课程，查看教学视频，按照视频讲解的连接要求和步骤进行操作，如图 17-2-1 所示（注意：在得到教师允许之前，禁止安装螺旋桨）。

（5）训完成之后，将作品照片和实训心得分享到在线课程进行讨论交流。

（6）建议学时：2 学时。

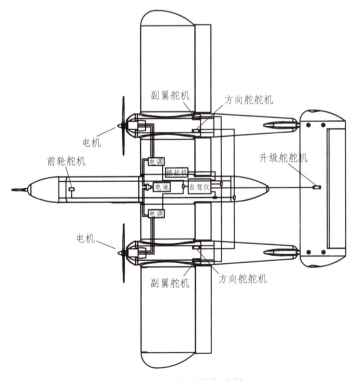

图 17-2-1 电子设备连接

三、课前任务

根据任务书要求完成课前任务，见表 17-2-1。

表 17-2-1 "电子设备连接"任务书

任务名称	电子设备连接		班 级	
姓 名			学 号	
学习资料				
	扫左侧二维码 轻松浏览课程内容 ←	扫右侧二维码 参与互动并查阅详 细资料 →		
任务要求				
1. 进入在线课程，点击页签"连接图纸"，下载"电子设备连接图"文件，研读图纸文件，结合"教学资料"，做好课前预习。 2. 点击页签"连接准备"，根据要求，进行电子设备连接前的材料准备和工具准备。 3. 将准备好的零件和工具拍照上传到在线课程进行分享讨论。 4. 将收获和遇到的问题填入下表。 5. 将填写完成的任务书拍照上传到在线课程的讨论区。 注意：在得到教师允许之前，禁止安装螺旋桨				
学习收获和问题记录				
学习收获	学习中所遇问题及解决办法		学习中未解决的问题	

四、教学内容和步骤

（一）任务汇报

教师根据学生课前提交的任务测验等情况，采用课堂活动的方式，请学生进行经验分享、问题讨论，然后教师点评指导学生解决遇到的问题。

（二）学生分组

根据加工制作项目的分组方式，分工合作，提升学生的合作能力和团队意识。

（三）电子设备安装实训

1. 实训准备

课前请根据表 17-2-2 和表 17-2-3 进行电子设备安装实训前的材料准备和工具准备。

表 17-2-2　电子设备安装配件清单

序号	名称	型号	单位	数量	备注
1	电机	3120KV760	个	2	
2	螺旋桨	1308（正反桨）	对	1	安装前向教师申请
3	电调	80A6S	个	1	
4	电池	6S10000mAH	个	1	
5	舵机	ES3154	个	7	1 个用于襟翼
6	接收机	4 通道（或以上）	个	1	匹配遥控器
7	自驾仪		套	1	如果没有，也可以用手动模式进行飞行
8	导航系统		套	1	如果没有，也可以用手动模式进行飞行
9	热缩管	4 mm		若干	
10	拉杆	1 mm	根	若干	
11	碳管	8 mm×6 mm×1 000 mm	根	2	
12	热熔胶	7 mm	根	若干	
13	扎带		根	1	固定电池
14	焊锡			若干	

表 17-2-3　电子设备安装工具和设备清单

序号	名称	型号	单位	数量	备注
1	螺丝刀		套	1	
2	电烙铁		把	1	
3	尖嘴钳		把	1	
4	剥线钳		把	1	
5	焊台		个	1	
6	热熔胶枪	7 mm	把	1	
7	Z 字钳		把	1	
8	斜口钳		把	1	
9	扩孔器		把	1	
10	壁纸刀		套	1	

2．电子设备安装与连接

扫码进入在线课程，点击页签"教学资料"仔细观看电子设备连接的教学视频，根据教学视频的操作步骤和要求进行电子设备安装和连接，如图 17-2-1 所示。

（1）动力系统安装。

（2）操纵系统安装。

（3）飞控系统安装。

五、检查与评价

（一）电子设备安装评价

全面评价学生对电子设备安装和连接过程的掌握情况，评价要求见表 17-2-4。

表 17-2-4　电子设备安装评价记录

班级＿＿＿＿＿学号＿＿＿＿＿姓名＿＿＿＿＿任课教师＿＿＿＿＿					
电子设备安装检查					
序号	检查内容	技术要求	是否达标	分值	得分
1	设备安装	电机、舵机的安装正确	□	10	
2	拉杆制作	拉杆的制作精良，形状和尺寸准确，连接可靠	□	25	
3	舵机回中	确保舵机回中	□	10	
4	操纵系统	舵面、拉杆、舵机连接正确	□	20	
5	设备连接	电机、电调、接收机、电池等设备连接正确	□	25	
6	美观程度	对线路进行布局整理，安全、美观	□	10	
合计				100	

（二）其他评价

其他评价要求见表 17-2-5。

表 17-2-5　自我评价与教师评价记录

实训项目				姓名		学号	
序号	评估项目	分值	实训要求	自我评价	教师评价	得分	
1	任务完成情况	20	按要求完成任务				
2	任务完成积极性	15	尽快完成任务并提交				
3	操作规程	15	严格执行安全操作规程				

续表

序号	评估项目	分值	实训要求	自我评价	教师评价	得分
4	课堂纪律	15	遵守纪律，设备未损坏			
5	课堂参与度	15	按要求全程参与教学过程			
6	考勤	10	不迟到、不早退、不旷课			
7	现场卫生	10	主动整理现场			
	总计					

评价说明：得分＝教师评价－（"教师评价"与"自我评价"之差）

实训总结与反思：

任务三　系统调试

一、教学目标和要求

（1）掌握固定翼无人机调试流程和方法。
（2）熟练掌握操纵系统的调试方法和技能。
（3）熟练掌握飞控、导航系统的调试方法和技能。
（4）了解无人机系统调试岗位职责和要求。

二、任务描述

（1）课前根据任务书要求，扫描二维码进入在线课程，点击页签"调试准备"，根据要求，为调试操作做好准备。

（2）线上或者线下讨论解决课前遇到的问题，未能解决的问题进行认真总结记录，在课堂上与教师一起解决。

（3）进入在线课程，按照视频的讲解进行调试操作，如图 17-3-1 所示。

（4）调试过程中禁止安装螺旋桨，安装螺旋桨之后就具有危险性，必须在教师的指导之下才能进行通电操作。

（5）建议学时：1 学时。

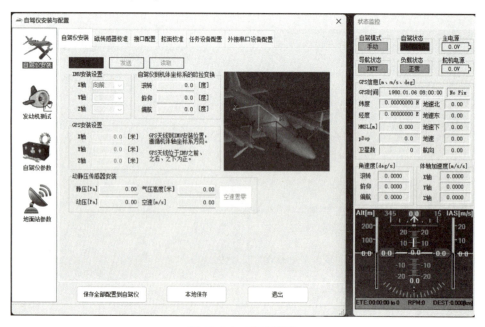

图 17-3-1　系统调试

三、课前任务

根据任务书要求完成课前任务，见表 17-3-1。

表 17-3-1 "系统调试"任务书

任务名称	系统调试	班 级	
姓 名		学 号	
学习资料			
	扫左侧二维码 轻松浏览课程内容 ←	扫右侧二维码 参与互动并查阅详细资料 →	
任务要求			
1. 进入在线课程，点击页签"调试准备"，根据要求，做好课前预习。 2. 点击页签"连接准备"，根据要求，进行系统调试前的准备。 3. 将准备好的设备和工具拍照上传到在线课程进行分享讨论。 4. 将收获和遇到的问题填入下表。 5. 将填写完成的任务书拍照上传到在线课程的讨论区。 注意：调试过程中，禁止安装螺旋桨			
学习收获和问题记录			
学习收获	学习中所遇问题及解决办法		学习中未解决的问题

四、教学内容和步骤

（一）任务汇报

教师根据学生课前提交的任务情况，采用课堂活动的方式，请学生进行经验分享、问题讨论，然后教师点评指导学生解决遇到的问题。

（二）系统调试实训

1. 实训准备

按照表 17-3-2 做好实训准备。

表 17-3-2　系统调试课前准备清单

序号	名称	型号	单位	数量	备注
1	无人机		个	1	准备好自己装配的无人机
2	遥控器	6通道或以上	个	1	根据实训室条件准备
3	防爆箱	4通道或以上	个	1	存储动力电池
4	动力电池	6S10000mAH	个	1	充满电
5	遥控器电池	匹配遥控器	个	1	充满电
6	地面控制站		个	1	与飞控系统匹配
7	数传电台		套	1	与飞控系统匹配
8	电压测试仪		个	1	用于电池电压测试
9	工具箱		个	1	配备装配工具

2．调试步骤

（1）动力电池的安装。

（2）电机转向确认。

（3）操纵系统调试。

（4）飞控、导航系统调试。

（5）关闭电源。

五、检查与评价

（一）系统调试评价

全面评价学生对系统调试过程的掌握情况，评价要求见表 17-3-3。

表 17-3-3　系统调试评价记录

班级＿＿＿＿＿＿＿学号＿＿＿＿＿＿＿姓名＿＿＿＿＿＿＿任课教师＿＿＿＿＿＿					
系统调试检查					
序号	检查内容	技术要求	是否达标	分值	得分
1	重心检查	重心位置正确，机翼前缘向后1/3翼弦处	☐	15	
2	电池检查	电池安装牢固，不松动，不滑动	☐	15	
3	电机检查	电机转向正确（和螺旋桨匹配）	☐	15	
4	油门检查	油门空行程小或者几乎没有	☐	15	
5	舵面检查	副翼、升降舵、方向舵偏转角度和方向正确	☐	20	
6	飞控系统	能根据地面站的指令和无人机姿态做出正确响应	☐	20	
合计				100	

（二）其他评价

其他评价要求见表 17-3-4。

表 17-3-4　自我评价与教师评价记录

实训项目				姓名		学号	
序号	评估项目	分值	实训要求	自我评价	教师评价		得分
1	任务完成情况	20	按要求完成任务				
2	任务完成积极性	15	尽快完成任务并提交				
3	操作规程	15	严格执行安全操作规程				
4	课堂纪律	15	遵守纪律，设备未损坏				
5	课堂参与度	15	按要求全程参与教学过程				
6	出勤	10	不迟到、不早退、不旷课				
7	6S 管理	10	主动整理现场				
		总计					

评价说明：得分＝教师评价－（"教师评价"与"自我评价"之差）

实训总结与反思：

任务四　飞行测试

一、教学目标和要求

（1）熟悉工业无人机试飞流程和方法。
（2）熟练掌握飞行测试方法和技能。
（3）了解无人机飞行测试岗位职责和要求。

二、任务描述

（1）根据任务书要求完成课前任务。
（2）线上或者线下讨论解决课前遇到的问题，未能解决的问题进行认真总结记录，在课堂上与教师一起解决。
（3）课上查看教学视频，按照视频要求和步骤进行飞行测试，如图 17-4-1 所示。
（4）建议学时：1 学时。

图 17-4-1　飞行测试

三、课前任务

根据任务书要求完成课前任务，见表 17-4-1。

表 17-4-1 "飞行测试"任务书

任务名称	飞行测试	班　级	
姓　名		学　号	
学习资料			

扫左侧二维码
轻松浏览课程内容

扫右侧二维码
参与互动并查阅详细资料

任务要求

1. 进入在线课程，进行课前预习，完成任务测试。
2. 点击页签"飞前准备"，根据要求，做好课前准备。
3. 将准备好的设备和工具拍照上传到在线课程进行分享讨论。
4. 将收获和遇到的问题填入下表。
5. 将填写完成的任务书拍照上传到在线课程的讨论区。
6. 无人机飞行人员必须具备合法的空域和飞行资质（无人机驾照）

学习收获和问题记录		
学习收获	学习中所遇问题及解决办法	学习中未解决的问题

四、教学内容和步骤

（一）任务汇报

教师根据学生课前提交的任务测验等情况，采用课堂活动的方式，请学生进行经验分享、问题讨论，然后教师点评指导学生解决遇到的问题。

（二）飞行测试实训

1. 飞前准备

扫码进入在线课程，点击页签"飞前准备"，如表 17-4-2 所示，按要求做好飞前准备，同时，制订详尽的应急处理预案，以应对可能出现的突发状况，确保飞行安全。

表 17-4-2　试飞条件准备清单

序号	名称	型号	单位	数量	备注
1	无人机		个	1	自己调试好的无人机
2	遥控器	6通道或以上	个	1	根据实训室条件准备
3	防爆箱	4通道或以上	个	1	存储动力电池
4	动力电池	6S10000mAH	个	1	充满电
5	遥控器电池	匹配遥控器	个	1	充满电
6	地面控制站		个	1	与飞控系统匹配
7	数传电台		套	1	与飞控系统匹配
8	电压测试仪		个	1	用于电池电压测试
9	工具箱		个	1	配备装配工具
10	试飞场地				满足飞行测试条件
11	合法空域				申请合法空域，按空管要求进行飞行测试
12	天气条件				良好的天气条件
13	飞行员		名	1	试飞人员具备Ⅲ级固定翼无人机驾照
14	观察员		名	2	1名负责观察地面站，1名负责观察无人机和飞行环境，共同协助飞行员监控无人机飞行状态、地面站参数，观察飞行环境和地面情况，提供必要的信息和建议，确保飞行安全

2．飞前检查

在充分做好飞前准备工作后，请点击"飞前检查"页签，见表 17-4-3。请务必严格遵循"飞前检查单"所列的检查项目和顺序，逐一进行细致的检查，并确保每一项检查均达标。

表 17-4-3　飞前检查单

机身检查				
序号	检查内容	技术要求	是否达标	执行人签字
1	机体蒙皮	无开裂、无褶皱、无变形	☐	
2	机体连接处	连接正常、缝隙均匀	☐	
3	机翼、尾翼	无变形，位置角度正确	☐	
4	重心	前后位置准确，左右平衡	☐	
5	发动机座	无破损、无裂纹	☐	
6	整流罩	完整，无损坏	☐	

续表

机械检查				
序号	检查内容	技术要求	是否达标	执行人签字
1	发动机座紧固	螺钉完整，连接紧固	☐	
2	发动机螺旋桨	无损坏、无变形、连接紧固	☐	
3	飞机舱盖	锁定正常，合页无脱落	☐	
4	空速管	无破损、无弯曲、无堵塞	☐	
5	每个舵面表面	无开裂、无褶皱、无变形	☐	
6	每个舵面铰链	连接正常，无松动	☐	
7	舵面摆动	顺畅，无干涉	☐	
8	舵面连杆	连接紧固，无弯曲	☐	
9	舵机摇臂螺钉	已锁紧	☐	
10	舵脚	连接正常，紧固	☐	
11	舵机安装	无松动	☐	
12	螺旋桨方向	叶面方向正确，转向正确	☐	
13	空速软管	无压迫、无弯折、无脱落	☐	
14	飞控减振托架、减振球	稳固，无脱落	☐	
15	起落架	连接紧固，转向正确	☐	

电气检查				
序号	检查内容	技术要求	是否达标	执行人签字
1	电机线	连接紧固，无破损	☐	
2	电调电源线	连接紧固，无破损	☐	
3	电调数据线	连接紧固，无破损	☐	
4	飞控电插头、导线	连接紧固，无破损	☐	
5	机舱内线缆	连接紧固，无破损	☐	
6	舵机线	连接紧固，无破损	☐	
7	接收机、数传天线	方向正确	☐	
8	动力电池	电池外表正常，电压正常	☐	

3．飞行测试

在完成所有飞前检查，并确认各项指标均达标后，请点击"飞行测试"页签，参照表17-4-4的指引。务必遵循飞行测试流程表中所列出的顺序和要求，严格执行飞行测试。

表 17-4-4　飞行测试流程

序号	执行内容	技术要求	是否达标	执行人签字
1	气动启动地面站	电量充足，运行正常	☐	
2	无人机飞前检查	检查正常	☐	
3	启动遥控器	电量充足，运行正常	☐	
4	遥控器平放，油门锁定	保证安全，预防侧翻	☐	
5	磁罗盘校准	获得正确的磁航向数据	☐	
6	上传任务航线	确认上传的航点信息正确	☐	
7	连接动力电	确保安全启动	☐	
8	检查舵面	确认舵量和方向正确	☐	
9	执行地面站软件的飞前检查	确认信息正确	☐	
10	启动发动机	执行安全规程，启动正常	☐	
11	地面滑跑测试	确认控制信号正确	☐	
12	滑行到起飞点	注意风向和爬升空间	☐	
13	起飞	油门全开，平稳爬升	☐	
14	手动航线飞行	确认操作控制正确	☐	
15	切入全自动模式	确认任务执行正常	☐	
16	切入手动准备降落	注意进近航线选择	☐	
17	降落	注意风向和接地点	☐	
18	停稳后及时断开电源	确保安全	☐	
19	执行飞后处理	详见"4.飞后处理"	☐	
20	做好记录	及时总结	☐	
21	设备带回实训室、下载参数	飞后处理、分析飞控日志	☐	

4．飞后处理

在飞行测试圆满结束后，请务必点击"飞后处理"页签，仔细遵循其中的步骤和要求进行飞后处理工作，如图 17-4-2 所示，以确保无人机性能达到最佳状态。

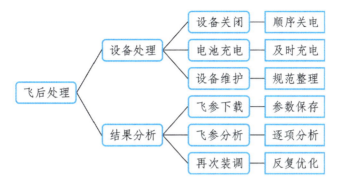

图 17-4-2　飞后处理流程

五、检查与评价

（一）飞行测试评价

全面评价学生对飞行测试过程的掌握情况，评价要求见表 17-4-5。

表 17-4-5　飞行测试评价记录

班级＿＿＿＿＿＿学号＿＿＿＿＿＿姓名＿＿＿＿＿＿任课教师＿＿＿＿＿＿					
飞行测试过程评价					
序号	检查内容	技术要求	是否达标	分值	得分
1	飞前准备	按时按表格做好准备	□	10	
2	飞前检查	按顺序按要求完成检查	□	10	
3	飞行测试	过程有序，配合默契，安全准确	□	50	
4	飞后处理	按顺序按要求完成	□	20	
5	安全操作	整个过程没有违规操作，不存在安全隐患	□	10	一票否决
合计				100	

（二）其他评价

其他评价要求见表 17-4-6。

表 17-4-6　自我评价与教师评价记录

实训项目				姓名		学号	
序号	评估项目	分值	实训要求	自我评价	教师评价	得分	
1	任务完成情况	20	按要求完成任务				
2	任务完成积极性	15	尽快完成任务并提交				
3	操作规程	15	严格执行安全操作规程				
4	课堂纪律	15	遵守纪律，设备未损坏				
5	课堂参与度	15	按要求全程参与教学过程				
6	考勤	10	不迟到、不早退、不旷课				
7	现场卫生	10	主动整理现场				
	总计						

评价说明：得分＝教师评价－（"教师评价"与"自我评价"之差）

实训总结与反思：

情境五　牛刀小试——创新设计

随着科技发展的日新月异，无人机——这颗现代航空技术的璀璨明珠，正悄然融入我们的日常生活与工作领域，发挥着越来越重要的作用。在民用领域，无人机不仅能够捕捉天际线的壮丽风景，实现快递包裹的精准送达，还能够监控环境质量，保护农作物的健康成长。而在军用领域，无人机更是成为战场上的新秀，让现代战争真正实现"运筹于帷幄之中，决胜于千里之外"的战略目标。无人机的应用场景日益广泛，而其创新设计更是引领行业变革的核心动力。

无人机的创新设计并非一蹴而就，而是需要不断地探索与实践。因此，本情境旨在为读者打造一个学习无人机创新设计的平台，通过理论与实践的紧密结合，让读者深入了解无人机创新设计的精髓。在这里，我们精心挑选了两个无人机创新设计的案例，这些案例不仅展示了设计者的匠心和创意，更共计被授权国家专利4项。

我们将采用循序渐进的方式，带领读者逐步走进无人机创新的世界，揭开其创新设计的神秘面纱。在案例分析中，我们将重点关注设计灵感的来源、设计方案的实施过程以及创新点的提炼方法。我们期望通过案例介绍，能够帮助读者从实际需求出发，发现问题、分析问题并解决问题，为其创新之路提供一丝启示。

我们衷心希望，通过本部分的介绍，读者能够对无人机创新设计有更加深入的了解，能够运用所学知识进行实际操作，设计出更多具有实际应用价值的无人机产品。我们期待着在不远的未来，能够看到更多富有创意的无人机设计成果涌现，为行业的发展注入新的活力。如果本部分内容能够在激发创新思维、拓宽设计视野等方面对读者略有启发，那将是我们最大的欣慰。同时，由于编者水平有限，有不足之处欢迎各位读者提出宝贵的意见和建议，帮助我们不断完善和提高。

项目十八　机翼增升式多旋翼无人机

一、引　言

本项目完成了一种新型的无人机"增升机翼式多旋翼遥感无人机"的设计。该设计主要是为了解决现有多旋翼无人机在续航能力和挂载能力上的限制。

首先，这种无人机在机身两侧增加了可转动的增升机翼，这些机翼可以通过迎角传感器实时监测其迎角，并将数据传递给控制系统。控制系统再根据这些数据调整迎角控制电机的工作，从而调整机翼的迎角，使其始终保持在有利角度，以最大化其增升作用。

这种设计可以在巡航过程中采用增升技术来降低电池的损耗速度，从而达到增加无人机续航能力的目的。同时，增升机翼的加入也可以提高无人机的挂载能力，使其可以携带更多的设备或载荷。

总的来说，这种增升机翼式多旋翼遥感无人机设计巧妙、实用性强，可以有效提高现有多旋翼无人机在续航能力和挂载能力上，有望在遥感、航拍、农业、环保等领域得到广泛应用。

本项目设计的无人机如图 18-0-1 所示，被成功授权国家专利 1 项。

专利名称：增升机翼式多旋翼遥感无人机；专利号：ZL202020607044.1。

图 18-0-1　增升机翼式多旋翼遥感无人机

二、研究背景

由于机动性强、起降条件宽松以及卓越的操作性能，无人机在众多领域都有广泛的应用。尤其在低空领域，无人机作为挂载平台的角色无可替代，发挥着重要作用。

在遥感领域，低空无人机具有独特的优势。首先，其相对较慢的飞行速度产生了远超传统机载遥感设备扫描的点密度，结合其宽扫描角度，能够获取更为精确的数据结果。其次，低空飞行方式为广角扫描提供了理想的条件。

在这一应用领域中，多旋翼无人机目前表现出明显的优势。它具备垂直起降的能力，无须跑道和专门的发射回收设备，同时可实现低速和悬停作业。此外，多旋翼无人机还具有安全性高、拆卸简便、结构简单、控制灵活、成本低廉、维护方便和易于更换部件等诸多优点，使其几乎适用于任何场景下的遥感作业。然而，目前多旋翼无人机的续航能力和挂载能力均受到一定限制。因此，本项目的研究旨在提出一种创新的解决方案，实现多旋翼无人机在续航能力和挂载能力方面有所提升，以推动其在遥感领域的更广泛应用。

三、设计灵感

在探讨增升无人机的开发时，设计灵感的来源可追溯到多旋翼无人机在遥感领域的独特优势和潜力。随着技术的不断发展，无人机在许多领域，尤其是低空遥感领域的应用已经变得越来越广泛。然而，现有的多旋翼无人机在续航能力和挂载能力上还存在一定的限制，这在一定程度上制约了其在遥感领域的进一步发展。

设计灵感主要来源于对多旋翼无人机现有优点的深入挖掘和对潜在需求的深入理解。多旋翼无人机以其垂直起降、低速悬停、高安全性、灵活控制、低成本和易于维护等特点，在遥感领域展现出了巨大的应用潜力。然而，续航能力和挂载能力的不足成为了其进一步发展的瓶颈。

因此，我们提出了增升无人机的概念，旨在通过创新的设计和技术手段，提升多旋翼无人机的续航能力和挂载能力。设计灵感来源于对多旋翼无人机飞行时气动升力的引入，通过采用能够让增升机翼时保持有利迎角的控制技术，我们希望能够显著提升无人机的续航能力。同时，提高其承载能力和稳定性，以满足更多样化的遥感作业需求。

总的来说，增升无人机的设计灵感来源于对多旋翼无人机现有优点的挖掘和对潜在需求的深入理解。通过创新的设计和技术手段，我们希望能够克服多旋翼无人机在续航能力和挂载能力上的限制，推动其在遥感领域有更广泛的应用。

四、技术方案

1. 方案概述

要保留多旋无人机优势的同时解决其续航能力差的问题，目前电池的能量密度不理想，通过增大电池的方法来增加续航能力是得不偿失的。本方案通过在巡航过程中采用增升技术来降低电池的耗电速度，从而达到增加其续航能力的目的，同时还能保留其原有的优势。

如图 18-0-2 所示，在原有的机身上增加一对用于增加升力的机翼。

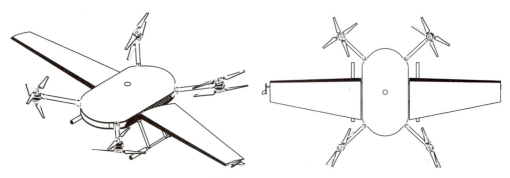

图 18-0-2 多旋翼无人机增升技术方案

2．方案分析

1）是否保留了原有的优势

没有改变多旋翼无人机的主要布局，没有削弱多旋翼无人机的原有优势，依然具备安全性好、拆卸方便、结构简单、控制灵活、成本低廉、易于维护和更换等优点，即便是飞行中增升装置坏了它依然可以像多旋翼无人机一样安全着陆，而且在不需要增加作业航程的情况下使用时可以把增升的机翼快速拆除，不影响无人机原有的功能。

2）是否解决了续航能力差的问题

巡航过程中这对机翼和固定翼无人机的机翼一样，利用伯努利原理产生升力，由于增升技术的利用使得多旋翼无人机在巡航作业中具备了额外升力，这会减少多旋翼无人机的动力输出，也增加了电池的工作时间从而达到了增加其续航能力的目的。

3）是否产生了新的问题

多旋翼无人机的飞行原理与固定翼无人机的飞行原理不同，固定翼无人机无论飞行速度快慢，无人机都可以保持相对固定的姿态，从而让机翼处于有利迎角。

多旋翼无人机要实现水平方向运动的控制，首先通过控制其进行俯仰（或横滚）运动，然后保持其姿态，无人机的升力就会产生一个水平分力，如图 18-0-3 所示。根据牛顿第二运动定律，物体的加速度跟物体所受的合外力成正比，无人机的姿态和飞行速度的改变，需要在相应的方向上有力的作用。由于水平分力的存在，无人机就会在升力的水平分力的作用下进行水平运动。也就是说，多旋翼无人机飞行姿态会随着其飞行速度的改变而改变。机身的俯仰角度发生了改变，那么机翼的迎角就会发生改变，机翼的升力就会改变，如图 18-0-4 所示。在零升迎角（升力为零所对应的迎角）以上，机翼的升力会随着迎角的增加而增加，当迎角大于临界迎角，机翼的升力会随着迎角增加而骤减。

当然，机翼不仅产生升力同时还产生阻力，如图 18-0-5 所示为机翼的阻力曲线，阻力的产生同样会增加飞机的能量消耗，所以我们希望在飞行过程中机翼保持在升力尽量大而阻力尽量小的迎角（有利迎角），然而多旋翼无人机的姿态是随着空速改变而改变的，所以不可能像固定翼无人机一样，在无人机平飞过程中让机翼始终处于有利迎角附近，这就是多旋翼无人机上安装机翼后产生的新问题，需要解决了这个问题才能达到增升的目的。

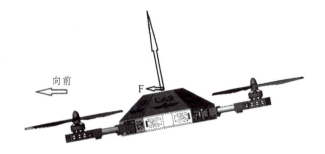

图 18-0-3　多旋翼无人机向前平飞的原理

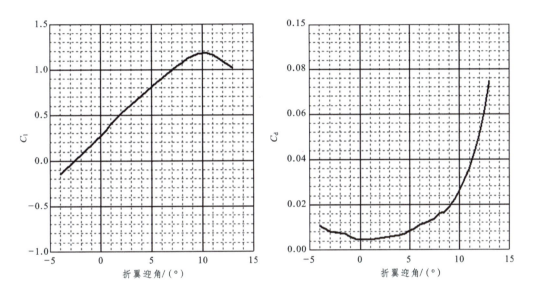

图 18-0-4　机翼的升力曲线　　　　图 18-0-5　机翼的阻力曲线

　　除了迎角控制的问题，在执行某些短时间的遥感作业时，无人机不需要增升技术，这时候增升翼反而是个累赘。这就是安装机翼之后带来的另一个问题，需要解决这个问题才能不影响多旋翼无人机原有的使用便捷性。

3．问题解决

1）迎角控制方案

　　要让多旋翼无人机在不同的飞行姿态下让机翼始终保持在有利迎角，那就需要解决两个问题。首先，机翼不能是固定式的，要能够转动从而实现机翼的迎角控制，为了能够尽量减小控制机翼旋转的力矩，要将机翼的转轴设计在压力中心附近，同时为了能够随时监测机翼是否处于有利迎角，需要安装迎角传感器。

　　如图 18-0-6 所示，机翼沿着转轴可以转动，由迎角传感器监测飞行中机翼的迎角，将信号传给控制系统，控系统通过控制机翼与机身的角度的改变从而使机翼始终处于有利迎角，以保证无人机飞行中的增升需要。

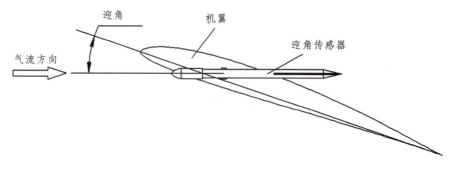

图 18-0-6　迎角控制

2）快速拆卸方案

针对短时间的飞行或悬停任务，增升机翼反而成为了不必要的负担。因此，我们提出了一种机翼的快速拆卸方案，如图 18-0-7 所示，以优化飞行效率和便捷性。

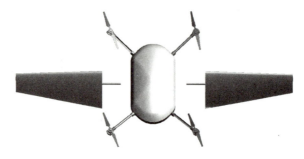

图 18-0-7　机翼快速拆卸

五、设计结果和渲染

在完成参数设计和仿真验证这两个关键步骤后，借助 SolidWorks 软件进行详细的三维实体设计，并进行了高质量的渲染处理，如图 18-0-8 所示。

为了让大家了解更多的内容，请通过扫描图中的二维码进入课程，您将找到更详细的资料，供您参考和学习，也供您批评指正。我们希望通过这些资料，能够帮助您更好地理解我们的设计理念，并激发您的设计灵感。

机翼增升多旋翼
无人机

图 18-0-8　增升无人机设计结果

项目十九　多功能可重构模块化无人机

一、引　言

由于无人机作业性质的多变性和复杂性，对无人机的需求也呈现出千差万别的态势。当前市场上，急需一款能够应对各类应用场景、灵活多变、适应性强的无人机。

本项目旨在提出一个多功能无人机设计方案，通过精心策划与系统规划，力求打造出一款能够适应不同作业环境、高效完成各项任务的无人机。这款无人机将致力于满足民用无人机市场的多样化需求，无论是航拍、农业植保、环境监测还是灾害救援等领域，都能够展现出其独特的优势。

在方案的设计过程中，深入探讨了无人机的技术方案与设计原则。我们着重考虑了系统整体的规划，将无人机划分为若干个功能模块，确保每个模块都能发挥其独特的作用。同时，我们还对通用模块与专用模块进行了深入研究，力求在保持无人机通用性的基础上，实现特定场景下的专业化应用。

此外，为了提高无人机在不同作业环境之间的转换效率，我们还特别注重快速接口的开发。通过优化接口设计，使得无人机能迅速完成模块更换，从而提高作业效率。

本项目如图 19-0-1 所示，被成功授权国家专利 3 项：

专利名称：一种多旋翼无人机；专利号：ZL202322635989.0。

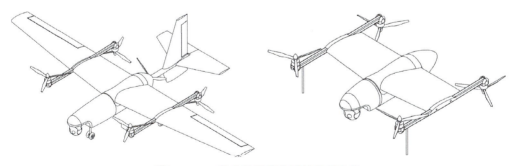

图 19-0-1　多功能可重构模块化无人机

二、研究背景

自兴起以来，无人机已广泛应用于各行各业。然而，由于作业类型多样化，一个作业团队往往需要准备多种类型的无人机以适应各种作业场景和作业内容。对于需要无人机以较低速度甚至是悬停状态进行作业的场景，或者是小范围的快速作业场景，多旋翼无人机是理想的选择。对于具备滑跑起降条件，需要大范围长航时的作业场景，固定翼无人机更为适合。而对于不具备滑跑起降条件，需要大范围长航时的作业场景，垂直起降变固定翼无人机则为优选。然而，这种现状导致灵活性降低，使用成本增加。

本项目提出了一种多功能可重构模块化无人机方案，旨在解决上述问题。这种设计更加符合民用无人机市场的细分需求。通过开发多功能可重构的无人机模块，可以实现安全快捷的运输，并根据无人机作业需求迅速重构成所需的无人机类型，挂载相应的任务载荷快速投入作业。这不仅以低成本、高效率的方式完成了空中作业，而且由于采用模块化可重构设计，设计出多种类型无人机可以共享的模块，实现以最少的模块组合出多种无人机，从而满足多种作业需求、起降条件和无人机类型。这使得运用更加灵活，使用成本得以降低。

三、设计灵感

生物在漫长的进化过程中，通过不断地适应环境变化，发展出了多种多样的形态和功能。例如，鸟类中的鹰和蜂鸟，它们分别适应了高速飞翔和悬停觅食的需求，因此进化出了不同的翅膀形态和飞行方式。这种多样性和适应性，使得生物能够在各种复杂的环境中生存和繁衍。

受到这种自然现象的启发，我们提出了多功能可重构模块化无人机的设计方案。与生物在进化过程中形成的多样性和适应性类似，无人机设计方案也追求多样性和灵活性。通过开发一系列可重构的无人机模块，可以像自然界中的生物一样，根据不同的作业需求和环境条件，快速组合和重构出最适合的无人机类型。

这种设计方案的优点在于，它不仅可以降低使用成本，提高作业效率，而且可以通过模块的组合和重构，实现多种无人机类型的共享。这就像自然界中的生物，通过基因的组合和重组，产生出各种不同的物种和表型。通过这种设计方式，我们可以以最少的模块组合出多种无人机，以满足多种作业需求、适应多种起降条件。

四、技术方案

为了达到上述目的，本项目采用的技术方案需要从以下几方面进行研究。

1. 系统整体规划

模块化设计需要规划好应用范围，因为不可能满足所有的应用场景，所以需要对无人机进行整体规划。本方案计划设计一种能够重构出多旋翼、固定翼和垂直起降变固定翼无人机的多功能模块化可重构系统，以此来研究这种方案的可行性和实用性。

2. 模块合理划分

模块划分是本方案设计过程中最基础的内容，合理的模块划分不仅能够满足可重构的特点，而且有利于加工制造，节约生产成本，同时能满足相应的气动外形和功能。

3．通用模块研究

通用模块是本方案的基础，是重构多种无人机类型的平台，要整体思考、全面分析，结合 CFD 仿真和样机试飞验证，研制出通用的模块，保证在多旋翼、固定翼、垂直起降变固定翼等飞行状态下均能满足气动特征和操控要求。

4．专用模块研究

专用模块是在通用模块之外，满足部分使用场景的模块，要在通用模块的研制基础上配合研制，保证专用状态下的气动特征和操控要求。

5．快速接口研究

快速接口是进行快速重构的保障，保证以最快的速度将所需模块进行快速重构，让无人机快速进入作业状态，快速接口的研究设计是重构速度和重构可靠性的关键部分。

五、设计结果

1．气动特性研究

先设计固定翼模式。固定翼无人机适合于有跑道的作业场景，采用滑跑起降方式，在本机设计的三种模式（固定翼模式、垂直起降变固定翼模式、多旋翼模式）中无人机载重能力和续航能力是最强的，阻力小、能耗低，能够挂载更大的载荷、飞行更远的距离。但其作业类型主要包括侦察、测绘、运载、投送等较快速度的飞行作业，不适合执行航拍等需要较低速度甚至悬停的作业。

以固定翼为基础，采用 SolidWorks 软件进行数字样机设计，根据对数字样机的 CFD 仿真研究，固定翼飞行模式的气动特性满足飞行要求，其压力分布如图 19-0-2 所示。飞行器的总体设计是一个综合协调、折中权衡、反复迭代、逐渐逼近的过程，在后续的模块化设计中以此为基础进行迭代优化，保证方案的顺利开展。

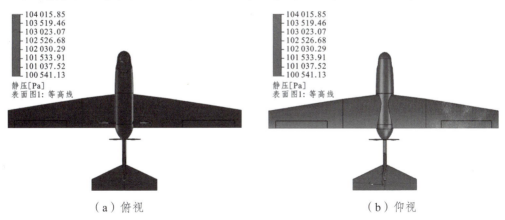

（a）俯视　　　　　　　　　　　　　　　　（b）仰视

图 19-0-2　表面压力分布

2．模块划分研究

对已设计好的固定翼飞机进行初步的模块划分，如图 19-0-3 所示，然后以主翼为通用模块，进一步进行多旋翼模式的设计。将外翼段、尾翼和动力装置去掉，增加设计机臂和多旋翼动力，即可重构成多旋翼无人机，如图19-0-4所示。

多旋翼模式可以以很低速度甚至悬停状态执行任务，可以任何航线飞行，具备较高的灵活性，而且本机的设计不仅仅局限于传统的多旋翼无人机功能，其续航能力更高。因为传统的多旋翼无人机无论什么飞行状态，无人机的重力都是由发动机来承担，而本机则不然。当无人机进入平飞状态时，并不是像传统的多旋翼无人机一样需要低头飞行，而是4台矢量发动机的轴线向前倾斜，主翼在无人机前飞过程中一直处于有利迎角状态，能够产生一定的升力，以减少矢量发动机的能量消耗，从而达到增加巡航能力的目的。

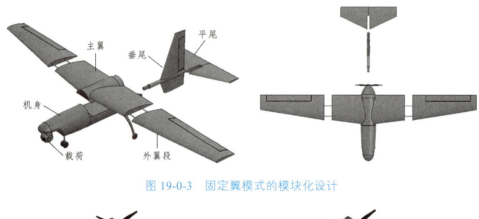

图 19-0-3　固定翼模式的模块化设计

图 19-0-4　多旋翼模式及其模块划分

验证了固定翼模式和多旋翼模式的可行性，将原来的固定翼动力系统去掉，加上为多旋翼设计的机臂和矢量动力系统，即可重构出垂直起降变固定翼无人机模式，如图19-0-5所示。无人机在垂直起降状态，4台矢量发动机的轴线处于垂直状态，相当于四旋翼无人机，无人机的姿态控制是由飞控系统控制4台发动机的转速来实现的。在起飞过程中，当无人机到达安全高度之后，4台矢量发动机的轴线开始向前倾斜，无人机进入过渡状态，矢量发动机的水平方向的分力开始推动无人机向前飞行。随着前飞速度的加快，机翼产生的升力逐渐增大，当飞行速度达到巡航速度后，4台矢量发动机的轴线处于水平状态，无人机以固定翼模式进入巡航状态。当无人机作业结束后，返回降落场地，以相反的过程由固定翼状态过渡到垂直降落状态，以多旋翼无人机的方式执行降落程序即可。

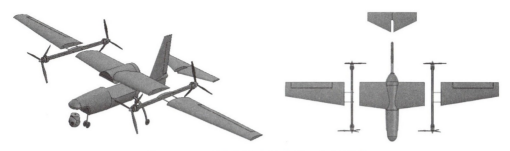

图 19-0-5　垂直起降变固定翼无人机模式

3．场包装设计

无人机平时存放以及快速转场时，需要将无人机进行包装，设计包装的目的主要是保护无人机的安全，同时要便于运输和存放，所以需要体积尽可能小，再配合本方案的模块化的特点，本文专门设计了转场包装，如图 19-0-6 所示。

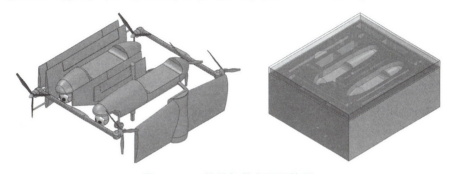

图 19-0-6　转场包装布局及效果

为了让大家了解更多的内容，请通过扫描下面的二维码进入课程，您将找到更详细的资料，供您参考和学习，也供您批评指正。我们希望通过这些资料，能够帮助您更好地理解我们的设计理念，并激发您的设计灵感。

多功能可重构模块化无人机

项目二十　未来可期

　　亲爱的读者，前面我们介绍了两个无人机方面的创新设计案例，这些都是编者对于无人机领域的一些初步探索和尝试。然而，我们深知，创意的海洋无边无际，每一个新的点子都有可能引领一场技术革命。因此，我们特地开设了这个平台，邀请您一同参与，分享您宝贵的无人机创意，并共同完善具体的实施方案。

　　如蒙不弃，请与我们分享您的奇思妙想，无论是独特的结构设计、先进的控制系统，还是颠覆性的应用场景，我们都非常期待。同时，为了给您提供更多的灵感和参考，后续我们将陆续展示编者学生的一些作品，这些作品也将被放在在线课程中，供您查阅和批评。

　　请通过扫描文末的二维码进入我们的在线课程，您将看到更多精彩的内容。我们深信，通过大家的共同努力和智慧碰撞，一定能够推动无人机技术的不断创新和发展。再次感谢您的参与和支持，期待与您共创无人机领域的未来！敬请你随时将你的创意分享到我们的讨论区。

未来可期

参考文献

[1] 祝小平. 无人机设计手册[M]. 北京：国防工业出版社，2007.

[2] 陆元杰，李晶，项建峰，等. 多旋翼无人机的设计与制作[M]. 北京：电子工业出版社，2020.

[3] 刘虎，罗明强，等. 飞机总体设计[M]. 北京：北京航空航天大学出版社，2019.

[4] 穆罕默德 H 萨德拉埃. 飞机设计：基于系统工程方法[M]. 上海：上海交通大学出版社，2018.

[5] 托马斯 J 穆勒，等. 固定翼微型飞行器设计引论[M]. 北京：航空工业出版社，2016.

[6] 劳埃德 詹金森，等. 飞机设计案例教程[M]. 北京：航空工业出版社，2013.

[7] 王旭. 固定翼无人机的结构设计与优化研究[J]. 中国机械，2024（7）：6-9，13.

[8] 韦振鹏，刘峰，杨森. 垂直起降固定翼无人机发展现状与技术要点[J]. 飞机设计，2024，44（1）：5-13.

[9] 肖锦涛，谭先琳，苏良，等. 固定翼无人机的结构优化设计[J]. 装备制造技术，2023（9）：227-228，232.

[10] 方博琳，唐家砼，夏侯振华，等. 某固定翼无动力滑翔机设计与优化[J]. 科学技术创新，2022（16）：17-20.

[11] 高洪波，张银锋，唐志凯，等. 浅谈电动固定翼无人机的飞行前检查及调试[J]. 装备维修技术，2019（4）：128.

[12] 艾春南，胡连信，赵田田，等. 固定翼无人机续航技术研究进展[J]. 机电工程技术，2023，52（2）：6-11.